HEUREUX HASARDS

TIM JAMES

HEUREUX HASARDS

CES PETITES ET GRANDES DÉCOUVERTES ACCIDENTELLES QUI ONT CHANGÉ LE MONDE

Traduit de l'anglais (Royaume-Uni)
par Benjamin Peylet

DUNOD

First published in Great Britain in 2024 by Robinson,
under the title *Accidental*.

L'édition originale de cet ouvrage a été publiée en Grande-Bretagne en 2024
chez l'éditeur Robinson, sous le titre *Accidental*.

11, rue Paul Bert, 92240 Malakoff
www.dunod.com
ISBN : 9782100870097

Ce livre est dédié à Seishu Shimizu (qui adore les histoires bizarres).

Tim James est le fils de parents gallo-anglais et jamaïcain. Il a été élevé au Nigeria, a fait ses études en Angleterre et vit aux États-Unis où on le prend souvent pour un Australien. Il a enseigné la chimie et la physique pendant onze ans et travaille aujourd'hui à plein temps en tant qu'auteur et scénariste. Il arrive qu'il soit barbu.

Il est l'auteur de *Magique quantique*, *Magique cosmos* et *Magique atome*, tous traduits et publiés chez Dunod.

« Ce qu'il y a d'incroyable avec les miracles,
c'est qu'ils se produisent. »

G. K. Chesterton

Prologue

Ça ne devait pas se passer comme ça

La science progresse à une allure d'escargot. Ses avancées se mesurent en centimètres par décennie et, avec sa manie de systématiquement vérifier trois fois tous les résultats, il lui faut tellement de temps pour confirmer ou rejeter une hypothèse que, lorsque cela arrive enfin, ceux qui l'avaient proposée au départ sont le plus souvent morts ou à la retraite. Cette passion procédurière peut paraître inutile, mais elle est au cœur du principe, car c'est la meilleure façon de s'assurer que les faits sont correctement établis.

C'est très différent dans les films, évidemment. La vie des scientifiques de Hollywood est pleine d'illuminations de dernière minute, de paris risqués et d'accidents improbables.

Il suffit de constater que la plupart des super-héros héritent de leur pouvoir complètement par hasard, qu'ils soient mordus par une araignée radioactive, tombés dans une cuve pleine d'anguilles électriques, ou qu'ils se contentent d'entrer tranquillement dans un accélérateur de particules*. Si on en croit le cinéma, les accidents de laboratoire, c'est très fréquent, et c'est toujours hyper utile. Mais voilà le plus extraordinaire : les films ne mentent pas complètement. Parfois, mais seulement parfois, la science fonctionne sur ce modèle.

Le travail scientifique est le plus souvent un cheminement fastidieux ponctué d'expériences ratées et de prédictions qui volent en

* Ce qui est véritablement arrivé en 1978 à un homme nommé Anatoli Bugorski, qui s'était penché dans un accélérateur de particules et qui a reçu un rayon de proton à pleine puissance entre les deux yeux. Malheureusement, il n'a pas développé de superpouvoirs. À la place, il a été paralysé du côté gauche et a souffert d'attaques cérébrales pendant de très longues années. (Il a malgré tout fini sa thèse.)

éclats, mais une fois de temps en temps les vents du destin soufflent et nous entraînent vers les rivages de la découverte involontaire et inattendue.

En fait, c'est un peu effrayant de penser que notre espèce ne doit sa survie qu'à de très nombreux coups de chance. Comme nous le verrons, certaines des inventions les plus importantes, celles qui ont sauvé le plus de vie, les découvertes les plus profondes sur l'Univers nous ont été révélées parce que quelque chose, quelque part, a mal tourné.

Mais ce sont ces spasmes de sérendipité qui rendent la science passionnante. On ne sait jamais quand on s'apprête à changer le monde, on ne sait jamais d'où viendra le prochain bouleversement. Parfois, il ne s'agit pas d'être au bon endroit et au bon moment pour enclencher une révolution. C'est au *mauvais* endroit et au *mauvais* moment que tout arrive.

Ça veut dire quoi, « accidentel » ?

Écrire un livre sur les accidents, ça vous pousse vraiment à penser au sens du mot « accident », de même qu'à l'inutilité absolue des dictionnaires dans ce genre de cas. Qu'est-ce *vraiment* qu'une découverte accidentelle, en fait ?

En un sens, toutes les découvertes le sont, par définition, puisqu'on ne fait pas de découvertes sur commande. On ne s'assoit pas un beau matin en pensant « tiens, j'ai décidé de découvrir quelque chose, cet après-midi ». Les épiphanies scientifiques se produisent quand elles se produisent, voilà tout, personne ne sait à l'avance qu'il est sur le point de faire une découverte, jusqu'au moment de la découverte proprement dite.

Cela ne veut pas dire que les scientifiques travaillent à tâtons en se reposant aveuglément sur la chance, bien sûr, mais chaque étape qui mène à une révélation monumentale a été franchie par quelqu'un qui ne savait pas avec certitude se trouver sur le bon chemin. Il n'avait que l'espoir de l'être.

Si aucun fait scientifique n'est jamais établi intentionnellement, sont-ils pour autant tous le résultat d'un accident ? Eh bien… en quelque sorte.

Ainsi, pour éviter d'écrire un livre sur la totalité du savoir humain, j'ai décidé de préciser un peu les choses. Je me suis limité aux quatre catégories suivantes.

Partie 1 : Maladresses

La forme la plus pure de découvertes accidentelles est le fruit de la franche maladresse, qu'elle soit intellectuelle ou manuelle. Dans cette partie, nous nous intéresserons aux scientifiques qui se sont sévèrement plantés et qui ont ainsi plongé tête la première vers la grandeur et le succès.

Partie 2 : Malchances et malfaçons

Une erreur, ce n'est parfois la faute de personne, juste la faute à pas de chance. Dans cette partie, nous nous intéresserons à ces moments qui ont terriblement mal tourné, à ces expériences qui ont complètement échoué à produire le résultat attendu, mais où finalement tout est bien qui finit bien.

Partie 3 : Surprises

Il arrive, même si c'est très rare, que le travail scientifique soit fait correctement et que l'expérience ne vire pas au désastre. Cependant, même quand tout se passe bien, un élément inattendu peut s'être glissé dans les résultats. Nous nous intéresserons dans cette partie à ces découvertes secondaires qui se sont finalement révélées bien plus importantes que ce qu'il s'agissait de trouver au départ.

Partie 4 : Moments « Eurêka »

Ces moments sont extrêmement rares, car les idées qui définiront toute une époque n'ont pas tendance à apparaître comme ça spontanément dans la tête des gens. Voici comment je définis le vrai « Eurêka » : « Une avancée majeure à laquelle quelqu'un aboutit en partant d'une observation apparemment insignifiante ou d'un commentaire complètement anodin. »

PARTIE 1

MALADRESSES

« Si vous pouviez donner un bon coup de pied
dans l'entrejambe du principal artisan de vos malheurs,
vous ne pourriez plus vous asseoir pendant des mois. »

THEODORE ROOSEVELT

« Si vous saviez la montagne qu'il y a sur mon bureau,
plus rien ne vous étonnerait ! »

ALBERT EINSTEIN

« D'oh ! »

HOMER SIMPSON

Boum !

Le premier accident scientifique que l'histoire nous a transmis nous vient de la dynastie Tang, dans la Chine ancienne (au début du IXe siècle). Il s'agit d'un avertissement écrit concernant un dangereux mélange de trois poudres susceptible d'exploser sans crier gare.

Le lecteur est averti de ne pas manipuler ce cocktail chimique capable de détruire des bâtiments entiers et de roussir les barbes[1]. Il n'a pas fallu attendre longtemps pour qu'on l'utilise malgré tout, surtout pour produire des feux d'artifice et des grenades.

Nous ne sommes pas complètement certains de ce qui est décrit dans ce vieux texte taoïste, mais les possibilités sont réduites. Il existe très peu de réactions à trois réactifs en chimie, et moins encore qui entraîneraient une explosion. Il est ainsi raisonnable de supposer qu'il s'agisse bien de la première référence historique à la poudre à canon.

Selon la tradition, les moines qui l'avaient obtenue cherchaient l'élixir de longue vie ; il est néanmoins nettement plus probable que ce fût en réalité une tentative pour produire de l'engrais. La poudre à canon est composée de poudre de charbon, de soufre et de salpêtre. Ces deux derniers composants sont des nutriments importants pour les plantes, si bien que des botanistes chinois ont très bien pu les mélanger tous les deux dans l'espoir d'une bonne récolte, avant d'ajouter malencontreusement le charbon à la mixture.

Quand on chauffe le tout, les trois poudres réagissent et leurs molécules se réorganisent pour former de l'azote et du dioxyde de carbone. Cette production rapide de gaz crée une onde de choc dévastatrice en repoussant l'air qui l'entoure pour se faire de la place. Autrement dit : ça explose.

Les moines cherchaient-ils à vivre éternellement ou à avoir des plantes en bonne santé ? Quoi qu'il en soit, ils ont produit le premier explosif à hautes performances, et la poudre à canon est devenue le carburant principal des armes à projectile pendant des siècles ; jusqu'à ce qu'un chimiste allemand nommé Christian Schönbein (1799-1868) connaisse lui aussi le désastre et en vienne à améliorer la formule avec la nitrocellulose.

Le coton, c'est de la balle

Christian Schönbein était un scientifique pointu et respecté. Il avait déjà découvert l'ozone et inventé la pile à combustible, mais sa femme n'appréciait pas qu'il fît ses expériences à la maison et le lui interdisait. Toutefois, par un après-midi de 1845, alors que son épouse était sortie, Schönbein fit ce que nous faisons tous dès que nous avons la maison pour nous : il s'est infiltré dans la cuisine pour se livrer à une expérience de chimie clandestine !

Nous ignorons l'expérience qu'il cherchait à mener, car en préparant sa réaction Schönbein renversa deux gros pots sur la table, l'un contenant de l'acide sulfurique, l'autre de l'acide nitrique.

En pleine panique face au danger (et sans aucun doute effrayé de devoir expliquer les ravages de l'acide à sa femme), Schönbein s'empara du tablier de cuisine de son épouse et se mit à éponger les produits aussi vite qu'il le put. Une fois la majorité du liquide absorbée, il plaça le tablier au four dans l'espoir de le faire sécher, et c'est alors que la situation empira. Plus précisément : c'est alors que le four explosa.

Schönbein ne connaissait pas l'explication de ce phénomène, mais nous si. Le coton est fait d'un polymère, la cellulose, qui, quand on le chauffe en présence d'acide nitrique, réagit et incorpore les molécules d'acide dans sa structure. Ajoutez un peu d'acide sulfurique pour lancer la réaction et vous obtiendrez un tissu hautement combustible, la nitrocellulose.

Schönbein avait combiné la cellulose du tablier avec l'acide nitrique épongé, et il avait ajouté tout à fait par hasard le parfait catalyseur de cette réaction, l'acide sulfurique. Il ne manquait plus qu'un peu de chaleur pour déclencher l'explosion, ce qu'il fournit de bonne grâce en mettant le tout au four. Il avait ainsi transformé le tablier de sa femme en fulmicoton[2].

La poudre à canon était alors l'explosif de base depuis près de deux millénaires, mais elle avait plusieurs défauts. D'abord, elle produisait une épaisse fumée qui empêchait tout déplacement sur le champ de bataille dès que les canons tonnaient. Ensuite, il lui fallait beaucoup de chaleur pour détoner. Enfin, dès qu'elle était ne serait-ce qu'un tout petit peu humide, elle cessait de fonctionner et la seule manière de la sécher était… de la réchauffer. (Conseil de pro : réchauffer de la poudre à canon est une mauvaise idée.)

Le fulmicoton de Schönbein, lui, brûlait sans produire trop de fumée, s'enflammait sans nécessiter beaucoup de chaleur et pouvait supporter un peu d'humidité sans perte de potentiel. En bonus, le fulmicoton produisait cinq fois plus de gaz que la poudre à canon, c'est-à-dire que sa force explosive était cinq fois plus élevée. Il remplaça bien vite la poudre à canon et devint le nouveau standard en matière d'armes à munition. Mais ce n'était pas tout : la nitrocellulose avait encore un petit cadeau chimique à nous offrir.

Incassable

En 1903, le chimiste français Édouard Bénédictus s'amusait dans son laboratoire quand il fit tomber l'un de ses béchers. Mais, plutôt que de se briser en mille morceaux, le verre demeura intact. Bénédictus avait produit de la nitrocellulose dans ce pot la veille et il s'aperçut qu'il ne l'avait pas bien nettoyé. Une fine couche de laque de nitrocellulose était visible sur ses parois intérieures. Elle formait un film transparent, collant et apparemment très solide.

Bénédictus n'en pensa pas grand-chose sur le coup, mais, quelques années plus tard, alors qu'il lisait un article de journal sur les accidents de voiture, il se rendit soudain compte des possibilités. L'article décrivait comment de grands nombres de personnes se blessaient lors d'accidents, non en raison de l'impact, mais à cause des bouts de verre qui volaient en éclats. Bénédictus se souvint alors de son bécher incassable et se mit au travail.

Il passa les vingt-quatre heures suivantes à travailler sans interruption pour parfaire son invention et aboutit à une bonne solution au problème soulevé. En prenant une feuille collante de nitrocellulose en sandwich entre deux plaques de verre, il avait obtenu un matériau totalement transparent qui ne se brisait pas en morceau quand on le brisait (car la nitrocellulose maintenait le verre en place).

Il baptisa son invention le Triplex et lui trouva un premier débouché industriel pour la confection des verres de masques à gaz, avant qu'on l'incorpore ensuite aux pare-brise, aux fenêtres, aux écrans de télévision et enfin au verre pare-balles. La nitrocellulose nous a non seulement fourni la technologie nécessaire pour produire des armes à feu efficaces, mais elle nous a également dotés de la technologie pour nous en protéger[3,4].

Action !

En 1855 a été découverte une autre utilisation possible de la nitrocellulose grâce au chimiste britannique Alexander Parkes, qui étudiait un matériau alors très courant : la gomme-laque.

La gomme-laque est une résine collante extraite de la cochenille asiatique femelle, que cet insecte emploie pour coller ses œufs aux branches d'arbre afin de les protéger. Au XIXe siècle, on l'utilisait beaucoup pour le moulage et le coffrage, mais Parkes cherchait la possibilité de produire tout et n'importe quoi à base de cette pâte à œuf d'insecte un peu collante, parce que... eh bien... qui ne le voudrait pas ?

Il tenta des mélanges avec de nombreux polymères naturels dans l'espoir de créer un matériau rigide et léger. Un soir, il décida de mélanger de la nitrocellulose à du camphre en dissolvant le tout dans de l'alcool. Il chauffa la solution obtenue en espérant qu'elle se solidifie pour former une résine, mais l'alcool s'évapora en ne laissant qu'un amas mou et caoutchouteux au fond de l'éprouvette. Ce n'était pas ce qu'il espérait. Cependant, ce qu'il avait produit n'était ni plus ni moins que l'un des produits chimiques les plus importants de l'histoire : le celluloïd, le premier plastique synthétique[5].

Parkes n'a jamais rien gagné avec sa nouvelle substance souple, car il ne lui trouva aucun usage. Elle pouvait servir à produire des boules de billard quand on la cuisait dans des moules sphériques, mais, au-delà de cette utilisation, elle avait encore peu d'applications possibles. Il fallut attendre encore trente ans pour que l'inventeur français Louis Aimé Augustin Le Prince (1842-1890) se serve de celluloïd pour produire la pellicule de 35 mm qu'on utilise dans les caméras, aboutissant à l'industrie cinématographique.

Le celluloïd n'est pas aussi inflammable que sa mère la nitrocellulose, ce qui tombe bien car les projecteurs de cinéma chauffent beaucoup. Cependant, il se dégrade avec le temps et peut même s'enflammer spontanément dans une pièce trop chaude (comme l'ont découvert bien trop d'archivistes amateurs de cinéma). De fait, les feux de celluloïd (tel celui que Quentin Tarantino met en scène dans le final d'*Inglourious Basterds*) sont quasiment impossibles à éteindre, car quand le celluloïd brûle, il produit son propre oxygène. Le feu est ainsi auto-alimenté et se poursuivra même sous l'eau[6].

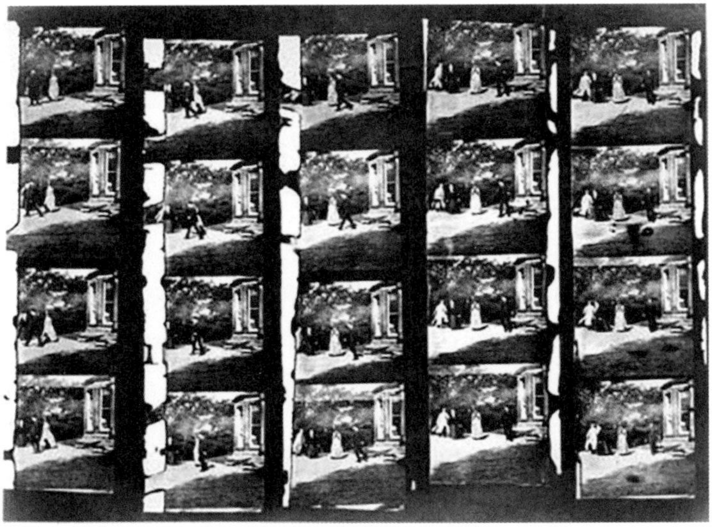

Copies de 1930 des images originales de 1888
de la *Roundhay Garden Scene*, de Louis Le Prince,
réalisée par le National Science Museum (Londres) en 1888.

Heureusement, la tendance du celluloïd à l'auto-combustion est plutôt rare, et la plupart des matériaux inflammables ont besoin d'une source de chaleur pour se déclencher. D'ailleurs, comment un feu se déclenche-t-il ? Pour le savoir, il faudra nous tourner vers une autre invention accidentelle.

Allumer le feu

En 1826, le chimiste anglais John Walker menait chez lui des expériences pour trouver une nouvelle source de combustible. Son approche pouvait se résumer à cette technique hautement sophistiquée qui consiste à mélanger des produits chimiques inflammables au petit bonheur et de coller le tout au bout d'un bâton au-dessus de la flamme de son foyer pour déterminer si le feu prend.

Un soir, alors que Walker essayait une nouvelle recette, il frotta par mégarde son bâton sur les briques de sa cheminée et voici qu'il s'enflamma. Walker venait d'inventer l'allumette.

Toutefois, il n'en a jamais déposé la formule, si bien qu'un grand nombre de variations furent tentées par d'autres inventeurs partout en Europe, toutes sur le même principe. La difficulté est d'obtenir d'une molécule de combustible qu'elle vibre assez vite pour croiser une molécule de dioxygène afin que les deux se réorganisent en produits stables et dégagent de la chaleur au passage.

La recette la plus efficace, celle qu'on utilise le plus souvent aujourd'hui pour les allumettes, est un mélange de sesquisulfure de phosphore et de chlorate de potassium.

Le sesquisulfure de phosphore agit comme combustible, car le phosphore et les atomes de soufre sont liés entre eux par des liaisons faibles ; autrement dit, dès qu'ils en auront l'occasion, ils préféreront se lier à des atomes d'oxygène. L'autre produit, le chlorate de potassium, contient trois atomes d'oxygène par molécule, ce qui en fait une bonne source d'oxygène. Il est aussi très instable, mais dans le sens inverse : les atomes d'oxygène ne sont pas confortablement liés entre eux, ils aimeraient mieux se lier à du phosphore ou du soufre.

Si vous rangez ces deux produits ensemble, vous obtiendrez un mélange instable qui meurt d'envie de réagir et, dès que vous le frotterez sur une surface rugueuse, par exemple les briques de votre cheminée, le verre pilé qu'on trouve sur le grattoir d'une boîte d'allumette ou la joue de Clint Eastwood, vous ferez vibrer les molécules ensemble avec suffisamment d'énergie pour qu'elles se mettent à échanger leur oxygène. Et voilà ! Le feu !

Les allumettes de sûreté fonctionnent sur le même principe, sauf que les produits y sont séparés : la tête de l'allumette contient le chlorate de potassium (la source d'oxygène), et le grattoir de la boîte contient le sesquisulfure (qui voudrait désespérément de l'oxygène).

Pour cet exploit extraordinaire, bien qu'involontaire, d'avoir inventé l'allumette, John Walker a eu une statue dans sa ville de

Stockton-on-Tees jusqu'en 1990, quand on a découvert que la statue que tout le monde admirait représentait en réalité le mauvais John Walker. Par un pur accident, le sculpteur avait en effet confondu John Walker le chimiste et un acteur londonien appelé lui aussi John Walker[7], qu'il avait pris comme modèle. Peut-être l'hommage le plus approprié qu'on aurait pu lui faire !

Rebondir

Charles Goodyear est né dans le Connecticut en 1800 et il a consacré les trente-neuf premières années de sa vie à faire faillite. Son père, Amasa Goodyear, était entrepreneur, à la tête de la première manufacture de boutons en nacre, mais Charles n'avait pas hérité de son sens des affaires. Après avoir envisagé une carrière sacerdotale, il s'était décidé à dix-sept ans à marcher dans les pas de son père et avait lancé de nombreuses entreprises autour de brevets déposés pour des chaussures ou pour des meubles. Malheureusement, toutes ses tentatives se soldèrent par un échec, si bien qu'il fit de nombreux séjours en prison pour dettes. Néanmoins, il était convaincu que Dieu l'avait choisi pour inventer quelque chose qui changerait non seulement son destin mais celui du monde entier[8]. Il avait tout à fait raison.

En 1834, lors d'un passage à New York, il découvrit un matériau formidable appelé le latex. Le latex est produit par des arbres très communs dans les régions tropicales, desquels on extrait ce liquide blanc et visqueux. En séchant, il coagule pour former une masse élastique que le chimiste anglais Joseph Priestley (qui a découvert l'oxygène) employait pour effacer par frottement les fautes dans son carnet. Ceux qui lui vendaient le latex s'étaient mis à appeler cette substance *rubber*[9] [et les Français « gomme », NdT*], puisque c'est pour cet usage que Priestley s'en servait, et ce fut le nom qu'adopta cette substance en anglais.

L'élasticité de la gomme est un effet de la disposition de ses atomes. Tous les atomes ont des angles favoris pour se lier aux autres, qui sont surtout déterminés par la forme des atomes eux-mêmes. Par exemple, l'oxygène tend à se lier à des atomes avec un angle de 104,5°, le carbone plutôt 109,5°, etc. Toute déviation par rapport à ces angles « idéaux » crée une contrainte dont l'atome va essayer de se débarrasser en se tordant.

La gomme est formée de chaîne d'atomes disposés en zigzag. Quand ces chaînes sont étirées, les atomes sont forcés de se disposer en une ligne contraignante. Ce n'est pas leur disposition préférée, si bien que, dès qu'on les libérera, ils reviendront d'un coup comme de minuscules ressorts vers leur position stable d'origine. C'est ce qui explique l'élasticité de la gomme.

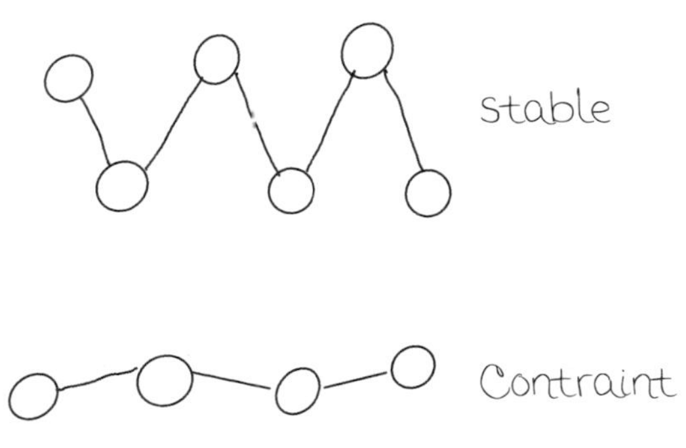

(En parlant de ressorts : l'ingénieur Richard James a inventé le *Slinky*, ce célèbre ressort qui descend les escaliers, tandis qu'il tentait de concevoir un stabilisateur pour bateau. Il testait différentes

* *To rub* signifie « frotter », *rubber* littéralement « frotteur ». L'histoire du mot français est parfaitement symétrique de celle du terme anglais, puisque les francophones ont tiré le verbe « gommer » du nom qui désigne en général ce genre d'exsudat extrait des arbres, comme la gomme arabique qu'on utilisait déjà depuis longtemps pour en faire de la colle ou des bonbons.

épaisseurs de ressorts en acier et voilà qu'il fit tomber l'un de ses prototypes d'une étagère. Le ressort effectua sa souplesse arrière caractéristique jusqu'à une pile de livres, avant de recommencer jusqu'à l'établi, puisque jusqu'au plancher. Les enfants de son quartier se montrèrent ensuite si enthousiastes à l'égard de son « ressort ambulant » que James décida de le vendre en tant que jouet. Ce fut sa femme qui suggéra de l'appeler *Slinky*, de l'anglais *sleek*, « lisse » et « élégant »[10].)

Mais revenons à Charles Goodyear, qui vit dans la gomme le potentiel d'un super-matériau élastique. Il désirait l'employer dans ses divers brevets, mais, pour ce faire, il lui fallait surmonter un sérieux problème : la sensibilité extrême de la gomme aux températures.

Quand la gomme chauffe, elle fond pour devenir une pâte collante, à mesure que ses atomes enchaînés brisent leurs liaisons. Cela se produit autour de 37 °C, ce qui est malheureusement la température du corps humain. De l'autre côté du spectre, quand il fait froid, les atomes se figent sur place et refusent de bouger, ce qui rend la gomme fragile. Celle-ci fond donc en été et s'effrite en hiver.

Un fabricant de chaussures avait expliqué à Goodyear que son entreprise se trouvait proche de la faillite à cause de lui : elle avait perdu vingt mille dollars de chaussures car elles avaient fondu. Non seulement invendables, elles avaient par ailleurs nécessité d'être enterrées dans la décharge de l'entreprise en raison de l'odeur infecte qu'elles dégageaient. À ce moment, Goodyear avait l'habitude des risques financiers. Il savait que quiconque parviendrait à tirer un matériau exploitable de la gomme transformerait l'industrie de la chaussure. Aussi se mit-il à expérimenter lui-même afin de parvenir à modifier cette substance selon les besoins.

Durant cinq années, il mena toutes sortes d'expériences, sans succès (il travaillait parfois depuis sa cellule, toujours à cause de ses dettes). Il essaya de mélanger la gomme à de la poudre de bronze, de l'acide nitrique, du plomb, du magnésium et du carbonate de magnésium, produisant parfois des gaz toxiques qui passèrent près de l'asphyxier. Il produisit même un pantalon en gomme qui fondit sur les jambes de son assistant, qui se retrouva soudé à sa chaise.

Goodyear gagna ainsi à cette époque la réputation d'un excentrique obsédé par la gomme qu'on pouvait voir déambuler par les rues de New York avec son chapeau, ses chaussures, sa cape et ses gants en gomme, portant sous le bras un journal en gomme lui aussi; mais bien sûr rien de tout cela n'était élastique dès lors que la température n'était pas parfaitement modérée.

Beaucoup auraient abandonné après tous ces échecs, mais Goodyear croyait, plutôt prophétiquement, «que ce qui est caché et inconnu, ce qui ne peut être découvert par la recherche scientifique, sera le plus certainement découvert par accident».

C'est exactement ce qui se produisit. Un soir de l'hiver 1839, son inébranlable conviction qu'il résoudrait un jour ce problème à la gomme porta ses fruits. Il avait récemment rencontré un autre obsédé de cette matière, Nathaniel Hayward, qui avait découvert en rêve qu'ajouter du soufre améliorerait la résistance à la chaleur de la gomme. Goodyear aima l'idée et, s'armant de courage face à cette nouvelle puanteur, il se mit à incorporer du soufre dans ses échantillons de gomme.

Alors que, plein d'enthousiasme, il présentait à son frère l'une de ses boules de gomme imbibée de soufre dans la cuisine, il la lâcha par inadvertance à la faveur d'un geste trop vif. La gomme traversa la pièce et atterrit dans une poêle sur le feu. Tout le monde se doutait que ça allait finir mal, puisque la gomme fond, mais Goodyear constata cette fois quelque chose d'extraordinaire. Non seulement la boule de gomme restait solide, mais elle avait formé une croûte épaisse, un peu à la manière du cuir bouilli. Ainsi, chauffer la gomme la détruisait, mais la saisir à vif avec une pincée de soufre avait apparemment l'effet opposé. La gomme survivait.

Les atomes de soufre se lient très bien aux chaînes de gomme, ils viennent former des ponts entre elles, et les chaînes elles-mêmes restent inchangées, si bien que le matériau conserve ses propriétés élastiques, mais les chaînes sont à présent fermement maintenues ensemble par le soufre.

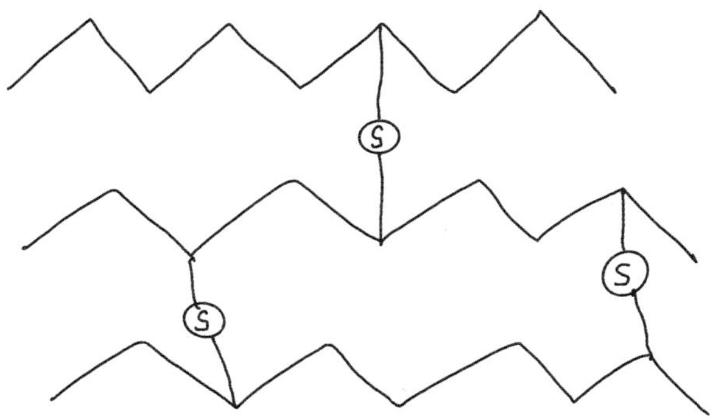

Grâce à ces ponts, les chaînes ne se brisent plus à haute température, pas plus que la structure ne deviendra cassante à basse température. En lâchant sa boule de gomme dans la poêle, Goodyear avait inventé la meilleure manière de la renforcer.

Il cloua l'échantillon sur sa porte d'entrée à l'extérieur de la maison et, quand il l'examina le lendemain, il découvrit que la boule avait survécu aux rigueurs d'une nuit d'hiver glaciale à New York. Il avait enfin percé le secret d'une gomme résistante et appela ce procédé la « vulcanisation », d'après Vulcain, le dieu romain de la forge.

Son procédé fut reçu au départ avec un grand scepticisme de la part de ses amis et de l'industrie de la gomme. Ce n'était pas la première fois que Goodyear annonçait une découverte fabuleuse qui ne déboucherait finalement sur rien. Mais, avec le temps, on s'aperçut que la gomme de Goodyear était bel et bien le saint Graal en matière d'élastique.

Malheureusement pour lui, des batailles juridiques et des contestations de brevet sur l'origine de la vulcanisation coûtèrent gros à Goodyear, qui mourut en banqueroute[11]. C'était peut-être un scientifique opiniâtre, mais ce n'était pas un homme d'affaires avisé.

Néanmoins, sa méthode perdure toujours et, comme vous l'avez sûrement deviné en vertu de son nom de famille, elle est devenue d'une valeur inestimable pour l'industrie automobile. Pour le dire simplement : sans Charles Goodyear et sa main glissante, les véhicules n'auraient pas de roue. En parlant de ça…

Prière de se laver les mains

En 1938, le chimiste suisse Albert Hofmann conduisait des recherches sur l'ergot de seigle. On lui connaissait des vertus pour le traitement des migraines et des douleurs de l'accouchement, mais Hoffman espérait en tester les usages pour la médecine respiratoire. L'une des molécules qu'il put en extraire était l'acide lysergique, qu'il décida de convertir en un autre produit chimique en ajoutant des molécules tierces au hasard. Cela peut paraître curieux, mais c'est une procédure habituelle en biochimie. On part d'une molécule et on essaye de lui ajouter des morceaux pour voir si ses fonctions s'en trouvent améliorées.

À un moment, Hofmann produisit une molécule appelée l'acide LySergique Diéthylamide-25 (LSD, en abrégé). Elle n'avait pas d'application directe, aussi Hofmann l'oublia-t-il durant cinq ans. Mais, en 1943, il décida de s'y intéresser de nouveau et de voir s'il n'avait pas manqué une occasion. Le 16 avril, il resynthétisa le composé, mais au cours de l'expérience il se sentit étourdi et dut abandonner le travail.

Après être rentré chez lui à grand-peine, Hofmann alla se coucher et vécut les cauchemars les plus intenses de sa vie. Il se demanda ce qu'il avait mangé et qui l'avait rendu si malade, puis il retourna au travail le lundi suivant. Là, il remarqua l'éprouvette utilisée pour la réaction. Est-ce que certains résidus s'étaient retrouvés sur sa peau ? Était-ce la cause de ses symptômes ?

Afin de déterminer si le LSD était bien à l'origine des vertiges et des cauchemars, Hofmann fit la seule chose qu'il pensait adéquate : avaler délibérément une goutte de LSD pur et voir ce qu'il se passerait. Une fois de plus, il se sentit bien vite très mal et dut quitter son poste, cette fois-ci avec l'aide d'une assistante.

Ils rentrèrent chez Hofmann à vélo, alors que ce dernier vivait ce qu'il appellerait plus tard « une crise aiguë » au cours de laquelle des hallucinations l'assaillaient, lui faisant croire que les gens qui l'entouraient se transformaient en démons. Il était en plein trip. Le premier trip du monde.

Après avoir demandé à sa voisine de lui apporter du lait (il l'accusa alors d'être une sorcière), Hofmann s'allongea sur son lit plusieurs heures. Les hallucinations empirèrent. Il commençait à craindre que les dégâts fussent permanents et appela un médecin, qui ne trouva rien chez lui qui clochât physiquement et qui conclut qu'il ne s'était pas empoisonné, du moins pas au sens habituel du terme. Hofmann avait en réalité découvert une molécule psychoactive qui provoquait une dissociation extrême des perceptions sensorielles[12]. Le LSD était un puissant hallucinogène.

Personne ne sait exactement comment fonctionne le LSD, parce que personne ne sait exactement comment fonctionne la perception. Nous savons toutefois que le LSD déclenche une libération excessive d'un neurotransmetteur, le glutamate. Le glutamate a de très nombreuses fonctions, notamment dans la formation des souvenirs. Il est possible que le LSD entraîne une surdose de glutamate qui pousse le cerveau à se « sur-remémorer », c'est-à-dire à rappeler des souvenirs sans aucun lien avec l'expérience présente de l'utilisateur. Ce mélange entre souvenirs décorrélés et information sensorielle immédiate pourrait provoquer des hallucinations[13].

Les employeurs de Hofmann, les laboratoires Sandoz, ont d'abord commercialisé le LSD comme un médicament contre l'alcoolisme et la perversion sexuelle, mais, en 1950, la Central Intelligence Agency (la CIA) a racheté tout le stock mondial et s'est mise à l'expérimenter sur des gens dans le cadre de son tristement célèbre projet MKUltra[14].

Sur le bout de la langue...

Un produit moins controversé et bien plus universellement apprécié a été découvert un peu de la même façon. En 1879, le chimiste russe Constantin Fahlberg travaillait dans le laboratoire de chimie de l'université Johns-Hopkins, où il étudiait le goudron, cette substance noire et collante qu'on obtient en brûlant du charbon. Après avoir nettoyé sa paillasse, Fahlberg rentra chez lui et s'aperçut à table que son pain avait un goût extrêmement sucré. Tout comme l'eau qu'il but et la serviette avec laquelle il s'essuya la moustache.

Il savait que ce goût ne venait pas de la nourriture. Cela devait donc provenir du laboratoire, d'un produit qui avait peut-être fini sur ses doigts. Il y retourna immédiatement et se mit à goûter tous les produits qu'il avait extraits du charbon, afin de trouver le plus sucré d'entre eux. De son propre aveu : « J'ai laissé mon repas en plan et j'ai couru au laboratoire. Là, poussé par l'excitation, j'ai goûté le contenu de tous les béchers, de toutes les éprouvettes sur la paillasse. Heureusement pour moi, aucun ne contenait de produit corrosif ni de poison[15]. »

Manger tous les produits chimiques d'un laboratoire est déconseillé en général, bien qu'un de mes anciens professeurs (qui a tenu à conserver l'anonymat) eût pour habitude de systématiquement consommer de microquantités de tout ce qu'il commandait à son fournisseur de substances chimiques ; selon lui, tant que cela restait en dessous du seuil toxique, c'était sans risque. Un comportement légèrement inquiétant, mais il faut bien avouer que, de toutes mes connaissances, c'est la seule qui puisse décrire le goût du cyanure.

Finalement, après beaucoup d'essais infructueux, Fahlberg identifia le coupable, le produit qui avait sucré ses aliments : la sulfinide benzoïque, le premier édulcorant artificiel, au pouvoir sucrant trois cents fois supérieur à celui du sucre en poudre.

Fahlberg déposa un brevet pour son invention et la renomma *saccharin* d'après l'adjectif *saccharine* [que l'on pourrait traduire par « mielleux », « outrageusement gentil » ou « poli », NdT]. Bien vite, elle fut identifiée comme substance dangereuse et particulièrement diabolisée par un chercheur haut placé de l'US Food and Drug Administration (la FDA), Harvey Wiley, qui la considérait comme un substitut malsain, contraire à la nature.

L'enquête de la FDA fut toutefois bloquée par nul autre que le président Theodore Roosevelt, qui s'était récemment vu prescrire par son médecin, le docteur Presley Rixey, de la saccharine comme alternative au sucre afin de l'aider à perdre du poids. Comme il ne faut jamais perturber le régime amincissant d'un président, les tentatives de la FDA d'interdire la saccharine ont été avortées. Roosevelt affirma même droit dans les yeux à Wiley que « ceux qui disent que la saccharine est dangereuse pour la santé sont des idiots[16] ».

Toutefois, Harvey Wiley toucha finalement au but en 1911. Roosevelt n'étant plus président, Wiley parvint à inscrire la saccharine sur la liste des « adultérants ». Cette décision fut renversée quelques années plus tard, durant la Première Guerre mondiale, quand le gouvernement américain décida que la saccharine serait utile à ses soldats en raison de la pénurie de sucre[17].

… et sur le bout des doigts

Curieusement, ce n'est pas la seule fois qu'un édulcorant a été découvert par hasard en se léchant les doigts. En 1937, Michael Sveda, de l'université de l'Illinois, effectuait des recherches sur des médicaments contre la fièvre quand il décida de s'accorder une pause. Quand il porta à sa bouche une cigarette qui avait traîné sur son bureau, il lui trouva un goût terriblement sucré[18]. Il l'avait par mégarde trempée dans le cyclamate de sodium, quarante fois plus sucrant que le sucrose, aujourd'hui bien connu aux États-Unis où il est commercialisé sous la marque Sweet'n Low.

De nouveau, en 1965, le chimiste James Schlatter travaillait sur un médicament contre les ulcères. Quand il retourna une feuille de papier, il lécha un résidu chimique qui s'était déposé sur ses doigts et comprit qu'ils avaient le goût du sucre[19]. Il venait de découvrir l'aspartame, deux cents fois plus sucrant que le sucrose, qu'on trouve aujourd'hui dans la plupart des sodas sans sucre.

Et ce n'est pas fini. Encore une fois – au point qu'on finit par se demander si quelqu'un n'essaye pas de nous faire une farce –, en 1976, le chimiste Shashikant Phadnis travaillait sur le chlorosucrose quand son responsable, Leslie Hough, lui demanda de le tester. Phadnis, qui était Indien et dont l'anglais n'était pas la langue maternelle, avait mal entendu la consigne et pensa que son chef lui demandait de le goûter [*to taste*, « goûter », est phonétiquement très proche de *to test* en anglais, NdT]. Comme tout étudiant discipliné qui se respecte, Phadnis obéit aveuglément et découvrit le sucralose[20], six cents fois plus sucrant que le sucrose, aujourd'hui commercialisé en France sous la marque Canderel.

A. Bell au secours

Il n'y a pas que la maladresse physique qui sache se mettre au service de l'innovation humaine. Il y a aussi les traductions maladroites, comme celle qui a inspiré cet appareil dont vous vous êtes probablement déjà servi douze fois rien qu'aujourd'hui.

Alexander Graham Bell est né en 1847 d'A. M. Bell, orthophoniste écossais très réputé, et de sa femme Eliza, sourde depuis l'âge de douze ans. Alexander, que sa famille surnommait Aleck, avait été baptisé ainsi d'après son père, mais on lui avait donné le deuxième prénom Graham en cadeau d'anniversaire pour ses onze ans. Ça, ce sont de bons parents !

Dès son plus jeune âge, Aleck s'est intéressé à l'étude scientifique du langage. Il a grandi au sein d'une communauté de linguistes, d'orthophonistes et de professeurs de diction, dont le neveu de Napoléon Bonaparte, Lucien, connu pour ses traductions du *Cantique des cantiques* (ce livre de la Bible plein de scènes torrides) dans plus de vingt langues.

Enfant, Aleck avait inventé une méthode de communication avec sa mère, il lui fredonnait des lettres directement sur le front. Il avait même appris au chien à déformer sa bouche comme s'il prononçait des mots.

À vingt ans, marié à Mabel Hubbard (née sourde), Aleck menait des expériences rigoureuses d'acoustique orale. Il appuyait des crayons sur ses lèvres, sa gorge et son nez afin de tester la provenance des vibrations et d'ainsi déterminer comment la gorge produisait les sons du langage.

Très motivé par ses découvertes et ses recherches, il écrivit un résumé de quarante pages qu'il envoya à son père en lui demandant si une publication était envisageable. Son père fut très impressionné et montra les découvertes de son fils à son ami Alexander Ellis, qui lui donna malheureusement de bien mauvaises nouvelles. Le physicien allemand Hermann von Helmholtz avait déjà mené de telles expériences et écrit tout un livre à leur sujet. Aleck arrivait trop tard.

Helmholtz avait en particulier mené une expérience très intéressante dans laquelle il était parvenu à obtenir les sons des voyelles à partir de diapasons. Pour ce faire, il avait placé trois diapasons alignés pour représenter l'avant, le milieu et l'arrière de la bouche, qu'il avait ensuite reliés chacun à une pile pour les faire vibrer. Une fois trouvées les bonnes fréquences et les bonnes distances entre les diapasons, Helmholtz pouvait artificiellement produire ces voyelles synthétiques dans l'air[21].

A. M. Bell était un peu triste que le travail de son fils fût ainsi braconné, mais il lui envoya un exemplaire du livre de Helmholtz dans l'espoir de le persuader qu'il était tout de même sur la bonne voie. Aleck accepta le livre avec gratitude, mais il y avait un petit problème. Le livre était en allemand, langue qu'il ne parlait pas du tout. La raison pour laquelle son père lui avait envoyé un livre dans une langue qu'il était incapable de lire demeure mystérieuse. Par le passé, Aleck réalisait de temps en temps un petit tour pour impressionner les invités : il lisait un mot dans une langue étrangère et devinait correctement sa prononciation. Peut-être son père avait-il oublié qu'il ne parlait pas vraiment allemand et qu'il se contentait d'en savoir imiter les sons ?

Quoi qu'il en soit, Aleck feuilleta l'ouvrage et tenta de deviner ce qu'il racontait à partir des illustrations et de frustes tentatives pour le traduire. Il n'y connaissait rien en électricité toutefois, pas plus qu'en allemand, si bien que, à la vue des diagrammes de diapasons et de circuits, il les comprit complètement de travers.

Il pensa que Helmholtz avait trouvé le moyen de transmettre des sons par voie électronique dans un câble entre un récepteur et un émetteur et décida ainsi que, puisque Helmholtz avait prouvé que c'était possible, son prochain objectif à lui serait de créer une machine sonore à longue distance. C'est pourquoi il se mit à apprendre la physique de l'électricité en autodidacte[22].

Dès 1875, Bell était devenu un ingénieur talentueux. Il avait conçu un appareil capable de transmettre toute la gamme des sons humains grâce à l'électricité, ce que nous appelons aujourd'hui un téléphone. La conception de son appareil était si simple et si brillante qu'elle n'a pratiquement pas changé depuis.

Quand quelqu'un parle dans le récepteur, un disque de papier (aujourd'hui de plastique) vibre en fonction de l'onde sonore générée. Ce diaphragme de papier est relié à un aimant, de manière que, quand le diaphragme vibre, l'aimant vibre aussi. Bell avait appris qu'un aimant en mouvement dans une bobine de fil créait dans celle-ci une perturbation électrique qui pouvait se propager le long d'un câble.

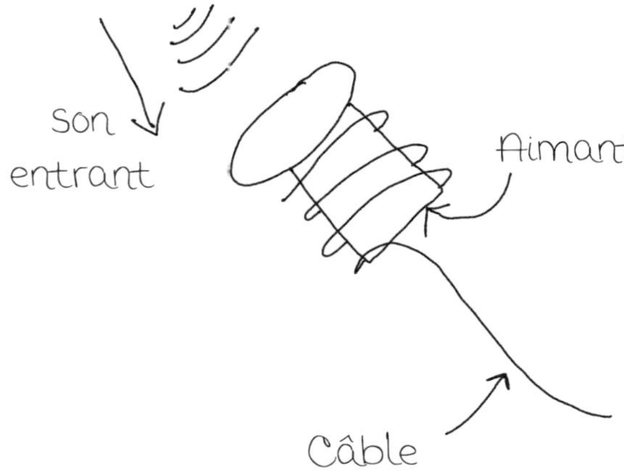

À l'autre bout du câble, un deuxième aimant reçoit ce signal électrique et vibre en réaction, de la même manière. Cet aimant est lui aussi relié à un diaphragme qui générera donc dans l'air des vibrations identiques à celles de la source. Le microphone transforme des vibrations en signaux électriques, et le haut-parleur inverse le mécanisme.

Bell croyait s'être contenté d'avoir conçu une amélioration pratique sur la base du travail antérieur de Helmholtz. En réalité, il avait compris le livre de travers et inventé quelque chose de complètement nouveau. L'idée d'envoyer des signaux sonores continus dans des câbles avait été écartée par la communauté des ingénieurs, qui la considéraient comme irréalisable. Il était possible d'envoyer des bips, un code Morse, mais des vibrations continues, non, c'était de la science-fiction. Mais Bell ne savait pas que c'était impossible, alors il l'a fait.

Quand il apprit enfin la vérité (grâce à une version française du livre de Helmholtz, une langue qu'il parlait), il se rendit compte à quel point son erreur avait été providentielle. Aurait-il interprété le livre correctement, il ne se serait jamais échiné à « améliorer » le téléphone et ainsi à l'inventer au passage, par inadvertance[23].

Alexander Bell au téléphone à New York (appelant Chicago) en 1892.

A. Bell en absence

La charmante histoire d'Alexander Graham Bell qui fit une découverte parce qu'il croyait qu'elle existait déjà n'est pas la seule dans son genre.

En 1939, à Berkeley, l'université de Californie, un étudiant en mathématique de vingt-cinq ans nommé George Dantzig est arrivé en retard à un cours donné par son superviseur, Jerzy Neyman. Dantzig s'est empressé de recopier le problème écrit au tableau. Quelques jours plus tard, il a rendu sa solution sans plus y penser.

Ce que Dantzig n'avait pas compris, c'est que la question au tableau n'était pas un devoir à faire. C'était l'un des problèmes de mathématiques les plus difficiles de l'histoire, encore non résolu, qu'il venait de résoudre. S'il était arrivé à l'heure en cours, il n'aurait peut-être même pas tenté le coup[24].

S'il y a une morale à ces deux histoires, c'est qu'il ne faut jamais dire qu'un problème est difficile, car cela devient vite une prophétie autoréalisatrice. Peut-être la meilleure chose à faire face à l'impossible est-elle de se dire que ça a déjà été fait.

Garder le rythme

Au début des années 1950, Wilson Greatbatch était étudiant en maîtrise d'électronique à l'université Cornell, dans l'État de New York, et travaillait dans un laboratoire de la ville pour joindre les deux bouts. Il y rencontra des chirurgiens qui menaient des expériences sur la « bioélectricité », ces courants électriques qui parcourent le corps et régulent ses fonctions organiques, surtout celles du cœur.

Le cœur est un muscle qui bat deux fois par seconde quand une décharge d'un soixantième de volt le traverse. Si le nerf chargé de transmettre ce signal n'y parvient plus (comme il arrive parfois avec le grand âge), le cœur n'est plus stimulé et bat de manière irrégulière, pas assez, ou plus du tout.

La seule solution pour maintenir le battement en ces circonstances était à cette époque un appareil qui consistait en un large anneau de métal cousu sous la peau et relié au cœur par des fils. De l'autre côté de la peau, une plaque magnétique était attirée par l'anneau et alimentée par une batterie de la taille d'une brique de lait que le patient devait trimballer partout avec lui, pourvue de boutons pour augmenter ou diminuer le rythme cardiaque selon les besoins[25].

Greatbatch était impressionné par l'ingéniosité de ce dispositif mais trouvait sa conception inélégante et fort peu pratique, sans parler des risques qu'il posait. La batterie et l'anneau de métal étaient séparés par une mince couche de peau, un rien suffisait à les désolidariser.

En 1958, Greatbatch (devenu entretemps chargé de cours en ingénierie électronique à l'université de Buffalo) s'amusait avec des appareils électriques dans sa cabane pour tenter de construire un engin capable d'enregistrer les pulsations cardiaques. L'un des composants indispensables qu'il employait pour ce faire était un oscillateur électronique.

Pas plus gros qu'une boîte d'allumette, un oscillateur électronique a pour fonction de transformer un courant continu (CC) en courant alternatif (CA). Le CC, c'est quand tous les électrons se déplacent en une boucle continue dans le circuit, tandis que le CA c'est quand les électrons vont dans un sens puis dans l'autre (l'électricité disponible dans une prise de courant en France fait ainsi cinquante fois par seconde cet aller-retour). Le boulot d'un oscillateur, c'est de prendre le courant tout lisse d'une pile ou d'une batterie pour le transformer en un courant alternatif qui se balance en cadence.

Tandis qu'il travaillait à son circuit, Greatbatch plongea une main dans sa boîte à outils pour en sortir une résistance, une pièce de circuit dont le rôle est de réduire le courant, environ de la taille d'un grain de riz et décorée d'anneaux colorés qui indiquent la quantité de courant qu'elle peut dissiper. Seulement cette fois, Greatbatch se trompa à la lecture du code. Il brancha une résistance de la mauvaise valeur.

Son oscillateur avait besoin d'une résistance de dix mille ohms pour fonctionner, et il avait branché par accident une résistance de dix millions d'ohms. Embarrassé par ce composant très gênant, le circuit se trouvait incapable de déplacer les électrons dans un sens puis dans l'autre. À la place, Greatbatch obtint donc ce qu'il appela un effet « squeg » : une pulsation électrique nette et brève, environ toutes les secondes. Sur le principe, la résistance trop forte avait transformé l'alternance rapide et cadencée en une lente marche au tambour. Greatbatch se rendit tout de suite compte de la portée de sa découverte : il venait d'inventer un circuit assez petit pour se loger dans un corps et qui délivrerait des pulsations électriques en rythme. Il venait d'inventer le pacemaker.

Il se mit au travail pour en améliorer la conception et dépensa toutes ses économies (de même que celles de sa femme Eleanor) pour convertir sa cabane de jardin en usine à pacemakers.

Au début, son pacemaker n'était pas très populaire chez les chirurgiens qui doutaient que cette invention puisse marcher. Greatbatch dut ainsi trouver un moyen de leur prouver. Il décida de se lancer dans de la chirurgie amatrice sur son chien auquel il implanta l'un de ses pacemakers, qui fonctionna parfaitement (bien que sa première tentative échouât après quelques heures, car il avait emballé le pacemaker dans un scotch isolant qui n'était pas étanche[26]).

Une fois prouvé que son pacemaker était capable de fournir la décharge nécessaire à l'intérieur d'un organisme vivant, Greatbatch vit son idée reconnue par le monde médical. Son entreprise a été évaluée à cinquante millions de dollars à sa mort. Plus de six cent mille personnes sont équipées d'un pacemaker tous les ans.

De l'utilité du moisi

Un bureau mal rangé est à l'origine de l'une des plus importantes découvertes biologiques du XXe siècle, la deuxième peut-être après celle de la structure de l'ADN (voir la quatrième partie pour savoir quel rôle la chance a tenu dans celle-ci).

L'histoire du bureau d'Alexander Fleming et de la manière dont il a changé le monde a acquis le statut de légende, il y a donc de bonnes chances que vous la connaissiez déjà. Cependant, il y a eu plus d'accidents dans l'histoire des antibiotiques que ce que l'on pense en général. Il y en a peut-être eu un peu trop.

Le médecin écossais Alexander Fleming était fasciné par les saletés de la nature. Il aimait tant les champignons et les bactéries qu'il les peignait. Il décorait des toiles d'agar de moisissures afin de produire des images qu'il montrait à tous ceux qui visitaient son laboratoire, dont le roi George V et la reine Mary (qui se demandèrent bien ce qu'ils avaient sous les yeux[27]). Mais, en trois occasions distinctes, l'une délibérée, l'autre partiellement volontaire et la troisième pas du tout, Fleming aboutit à des découvertes majeures qui propulsèrent notre capacité à combattre les infections loin au-delà de l'horizon.

Fleming commença à s'intéresser à la recherche bactériologique durant la Première Guerre mondiale, alors qu'il traitait des patients blessés aux côtés de son maître, Almroth Wright. Wright et Fleming menaient leurs recherches dans des hôpitaux de campagne, où ils découvrirent que les infections les plus graves provenaient des bactéries, présentes sur les uniformes sales, qui se retrouvaient dans la blessure quand la balle avait transpercé auparavant les vêtements du soldat.

Ils déterminèrent ensemble que les antiseptiques standards qu'on employait alors pour désinfecter les blessures ne tuaient que les bactéries à la surface de la peau, ils ne pénétraient pas suffisamment en profondeur pour empêcher les septicémies. Pire, Fleming découvrit que le plus utilisé de tous, la *flavine*, était nocif pour les cellules du système immunitaire. En appliquant trop d'antiseptique, les médecins risquaient ainsi d'empirer les choses.

Le temps qu'il parvienne à convaincre les autres médecins, la guerre s'achevait. Nous ignorons combien de vies ont été perdues en raison d'une application inconsidérée d'antiseptique[28].

La deuxième grande découverte de Fleming eut lieu en 1921, alors que, enrhumé, il cultivait des moisissures en boîte de Petri. Selon sa déclaration officielle devant la Royal Society, il décida de tester délibérément le contenu de son mouchoir, mais selon une autre version des événements il avait tout simplement le nez qui coulait et il s'est contenté de laisser tomber une goutte dans la boîte de Petri avant d'attendre et de voir ce qui allait se passer[29].

À sa surprise ravie, son expectoration contenait une enzyme encore inconnue alors, le lysozyme, pourvue de propriétés antibactériennes.

Il s'avéra plus tard que le lysozyme est l'un des antibactériens naturels de notre organisme et qu'on peut l'extraire d'autres fluides plus accessibles (et moins dégoûtants), tels que le blanc d'œuf.

Alexander Fleming entouré de moules à pénicilline
dans des boîtes de Petri dans son laboratoire de Londres.

Vint alors la mère de toutes les découvertes. En août 1928, Fleming partit pour des vacances en famille et laissa son laboratoire en triste état, des boîtes de Petri empilées dans l'évier. Elles auraient dû être rangées dans un incubateur, mais Fleming ne s'était pas donné cette peine et les avait laissées là sans surveillance pendant des semaines. Quand il revint dans son laboratoire, le 3 septembre, il constata que de nombreuses moisissures avaient envahi les coupelles.

Il se mit à plonger les boîtes une à une dans un bain nettoyant pour les débarrasser de ces moisissures, mais, alors qu'il atteignait le fond de la pile, il ramassa une boîte à l'allure étrange. Il s'apprêtait à la plonger à son tour dans le bain quand il arrêta soudain son geste ; il avait constaté que la moisissure avait détruit toutes les bactéries autour d'elle. D'habitude, les bactéries dans une boîte de Petri s'accrochent aux moisissures et les infiltrent complètement, mais pas cette fois. On voyait dans celle-ci, le long de la circonférence de la moisissure, une frontière très nette.

Fleming l'observa et dit tout haut : « C'est curieux. » Il semblait que la moisissure contînt une substance mortelle pour les bactéries. Son assistant de laboratoire, Daniel Pryce, lui rappela que c'était le genre de coïncidences qui avaient mené à la découverte du lysozyme, aussi peut-être avait-il découvert un nouvel agent antibactérien ? En réalité, Fleming venait de découvrir l'antibactérien suprême.

Dans un laboratoire à l'étage du dessous, le mycologue Charles La Touche avait étudié une moisissure appelée *Penicillium rubrum* dont quelques spores avaient volé dans un courant d'air jusque dans l'escalier avant d'atterrir dans la boîte de Petri de Fleming durant ses vacances. Là, les spores s'étaient développées pour devenir une colonie stable secrétant des antibiotiques.

Nous envisageons souvent tous les micro-organismes comme nos ennemis, mais les bactéries, les champignons et les virus ne sont pas là pour nous tuer *nous* spécifiquement, ils se combattent aussi entre eux. *Penicillium rubrum* fabrique son propre antibiotique et Fleming parvint à l'extraire, pour l'appeler d'abord « jus de moisi » avant de se décider par le nom qu'on lui connaît aujourd'hui : la pénicilline[30,31]. L'âge des antibiotiques venait de commencer.

La pénicilline doit son action antibiotique à la présence d'une structure annulaire instable à quatre atomes au centre de la molécule. Les atomes de cet anneau sont tellement écrasés les uns contre les autres qu'il se brisera à la moindre occasion. Dès que des molécules de pénicilline entrent en contact avec un mur de bactéries, elles trouvent les atomes qui conviennent pour former une liaison, se découpent elles-mêmes et percent la membrane des bactéries, laissant derrière elle des trous qui font éclater la cellule bactérienne.

Fleming obtint plus tard le prix Nobel et, qu'elle fût intentionnelle ou non, sa découverte changea toute la médecine. La plupart des antibiotiques que nous utilisons de nos jours ont été identifiés dans des échantillons de sol prélevés partout, depuis le terreau de plantes en pot (la streptomycine en 1943[32]) jusqu'à la jungle de Bornéo (vancomycine en 1953[33]). Il semblerait que la règle soit : « Là où il y a de la moisissure, il y a des antibiotiques. »

Sans avoir le melon

Il n'y a pas que la terre qui donne de bonnes moisissures. En 1943, les biochimistes américains Robert Coghill et Ken Raper ont été chargés de trouver un nouveau type d'antibiotiques pour soigner les soldats blessés et contribuer à l'effort de guerre. La pénicilline fonctionnait très bien, mais elle n'était pas facile à produire en masse ; c'est pourquoi Coghill et Raper devaient trouver une moisissure générant une molécule aussi efficace que la pénicilline, mais plus simple à cultiver.

Ils se firent envoyer des échantillons de sol venus de toute l'Amérique pour leurs tests, et celui qui fonctionna le mieux venait du *Penicillium rubrum* obtenu en grattant un melon moisi acheté sur un marché de l'Illinois.

L'identité de la scientifique qui a acheté ce melon et en a gratté la moisissure est perdue pour l'histoire. On lui avait cependant donné le surnom de « Mouldy Mary », Mary la Moisie, si bien qu'on soupçonne une technicienne qui travaillait alors au laboratoire, une certaine Mary Hunt[34].

Les désinfectants à la rescousse

La pénicilline était au départ administrée par intraveineuse, mais un autre caprice du destin nous vint en aide une fois encore. En 1945, le chimiste français Michel Rambaud décida d'installer une usine de pénicilline dans une ancienne brasserie, avec son partenaire Richard Brunner.

Malheureusement, les cuves dans lesquelles il comptait cultiver sa pénicilline étaient sans cesse contaminées à l'*E. Coli*, si bien qu'il décida de les nettoyer à l'acide phénoxyacétique, un désinfectant standard. Seulement, à la grande surprise de Brunner et de Rambaud, cela entraîna une augmentation énorme de la production de pénicilline[35].

Ce qu'ils ignoraient, c'est que la moisissure qui produit la pénicilline se nourrit de l'acide phénoxyacétique, c'est pour elle un nutriment dont elle se sert pour fabriquer un antibiotique appelé la phénoxyméthylpénicilline. Ce nouvel antibiotique était résistant à l'acide, ce qui signifiait qu'il pouvait survivre dans l'estomac humain et donc être administré oralement.

En résumé, la découverte des antibiotiques, d'une version qui en permette la culture en masse, et la possibilité de les prendre par voie orale, tout ça s'est fait par accident. Décidément, la Nature n'essaye pas toujours de nous tuer.

Parfois, c'est dur

L'ulcère gastroduodénal se manifeste par de petites déchirures dans la paroi de l'estomac ou de l'intestin. Quand ces déchirures surviennent, de l'acide fuit jusqu'aux organes alentour et se met à attaquer tout ce qu'il touche, ce qui est aussi nocif pour la santé qu'il y paraît. Ces ulcères sont la première cause de cancer de l'estomac. Quand ils ne sont pas traités à temps, ils posent un grave danger.

Dans les années 1970, tout le monde pensait que ces ulcères étaient provoqués par le stress et que la meilleure manière de les traiter était de calmer le patient à coups d'anxiolytiques (des médicaments contre l'anxiété). Une rencontre accidentelle a entraîné les chercheurs australiens Barry Marshall et Robin Warren dans une direction différente.

Un patient qu'ils traitaient présentait un ulcère vicieux à l'estomac, mais, comme il avait 80 ans, ils ne pouvaient pas faire grand-chose. Les anxiolytiques qu'ils prescrivaient d'ordinaire n'avaient pas été testés sur des gens de cet âge, il n'aurait pas été éthique de lui en proposer. La seule option était de lui donner des antibiotiques. Cela ne ferait rien contre l'ulcère mais, au moins, cela préviendrait une infection.

Une semaine plus tard, leur patient revenait les voir, bon pied bon œil et le sourire aux lèvres. Son ulcère était parti. La question qui se posait à présent pour Marshall et Warren était : comment un traitement antibiotique, conçu au départ comme un pis-aller, avait-il pu soigner une maladie liée au stress ?

Personne n'était jamais allé regarder en détail les parois de l'estomac pour y chercher des bactéries, parce que cela revenait à chasser l'ours en haute mer. L'impossibilité de leur présence était si évidente qu'on ne songeait même pas à la vérifier. Mais Marshall et Warren voulaient vraiment en savoir plus, aussi se mirent-ils à analyser les parois stomacales de patients atteints d'ulcère. Ils trouvèrent une souche bactérienne si résistante qu'elle pouvait survivre dans le milieu intensément acide des sucs digestifs : *Helicobacter pylori*. Était-il possible que les ulcères, l'une des plus dangereuses des maladies connues, soient le résultat d'une simple infection bactérienne ?

Afin de déterminer si cette bactérie était bien responsable des ulcères, Marshall et Warren allaient devoir montrer qu'on la trouvait en plus grande proportion dans l'estomac des patients atteints.

Un petit échantillon de bactérie, c'est difficile à trouver au microscope. Le meilleur moyen d'examiner la flore intestinale est d'extraire les fluides digestifs et de les étaler dans une boîte de Petri avec de la nourriture. Là, on laisse mariner quarante-huit heures, temps durant lequel la bactérie va se multiplier et se répandre dans la boîte.

Warren et Marshall ont examiné ainsi trente-trois patients atteints d'ulcère, sans trouver trace de *Helicobacter pylori* dans aucun de leurs jus d'estomac. Ils étaient prêts à abandonner quand ils commirent une erreur sur le trente-quatrième patient. Ils laissèrent la boîte de Petri contenant ses prélèvements au laboratoire durant tout le week-end de Pâques, par accident. Ils avaient oublié de la jeter. Elle resta donc ainsi quatre jours et, quand ils revinrent l'examiner le mardi suivant, elle était recouverte de *Helicobacter pylori*.

Il se trouve que cette bactérie se reproduit plus lentement que les autres, si bien que les habituelles quarante-huit heures d'attente des tests standards n'étaient pas suffisantes pour qu'elle se multiplie. Ils avaient probablement analysé trente-trois échantillons où elle était présente sans s'en rendre compte. À présent, c'était fait. Ils détenaient la preuve que les ulcères pouvaient se traiter avec des antibiotiques[36].

Ils publièrent leurs résultats, mais ceux-ci furent balayés d'un revers de main, tant ils paraissaient fantaisistes. Warren et Marshall devaient travailler plus dur.

Ils tentèrent d'infecter des souris, des rats et des cochons avec cette bactérie, sans succès, car *Helicobacter pylori* est en réalité inoffensive pour ces espèces. En 1984, ils étaient à court d'idées et commençaient à passer pour des escrocs. Marshall voulut alors tenter une dernière chose : se faire un ulcère à lui-même.

Avec du jus d'estomac prélevé sur un patient atteint d'ulcères sévères, Marshall supposait qu'il attraperait un cas modéré, du moment que son hypothèse était correcte. Un soir, sans le dire à personne, il prit une éprouvette de jus d'estomac récemment récolté et l'avala d'un coup. Deux jours plus tard, il se réveilla au beau milieu de la nuit, atteint d'une douleur abdominale et abominable.

Une endoscopie révéla vite qu'il s'était administré à lui-même une puissante dose d'ulcères, et c'est alors qu'il avoua à sa femme ce qu'il avait fait (enfin, je suppose qu'il est d'abord rentré chez lui, il ne s'est pas retourné vers sa femme sur son lit d'hôpital avec un tube qui lui sortait des fesses pour lui dire « Écoute chérie, il faut que je t'avoue quelque chose »).

Après deux semaines à le voir souffrir, la femme de Marshall insista[37] pour qu'il prenne un traitement complet et qu'il se débarrasse de ces ulcères (son haleine devait être exécrable), mais Marshall avait prouvé que les ulcères sont le résultat d'une infection bactérienne et pouvait être traités comme tels.

Partout dans le monde, des médecins décidèrent de tenter les antibiotiques contre les ulcères et découvrirent que cela marchait. De fait, le pronostic vital n'est plus engagé pour cette maladie aujourd'hui[38]. Marshall est responsable, presque à lui seul, du déclin mondial des cancers de l'estomac. Il a sauvé d'innombrables vies. En 2005, il a reçu un prix Nobel bien mérité.

Passons à présent à une boisson un tout petit peu plus appétissante que le jus d'estomac humain…

Emballé, c'est pesé

En 1908, le marchand de thé new-yorkais Thomas Sullivan s'est mis à envoyer partout dans le monde ses feuilles de thé emballées dans des poches de soie, parce que c'était moins cher que des boîtes de conserve.

Il s'attendait à ce que les clients ouvrent la poche et versent le thé dans leur théière, mais apparemment personne n'a compris que les poches de soie n'étaient que le conditionnement du produit. Tout le monde les a donc trempées directement dans l'eau chaude.

Comme les molécules de thé sont petites, elles peuvent se diffuser hors d'un sachet en soie sans problème : c'est ainsi qu'est né le sachet de thé. Il existait déjà un brevet de conception similaire enregistré aux noms de Roberta Lawson et Mary Molaren, mais l'empire du thé de Sullivan était déjà bien établi. C'est donc à lui qu'est revenu le crédit de l'invention accidentelle du sachet de thé[39].

Beaucoup de blé

La plus fameuse invention culinaire accidentelle est celle du marchand de balais John Kellogg (vous devinez peut-être de quoi il va s'agir). Une nuit de 1894, son frère William l'avait appelé pour qu'il vienne l'aider à l'hôpital psychiatrique de la ville.

John avait préparé une pâte avec de la farine de blé et il l'a laissé pousser pendant qu'il partait aider son frère. Pour ceux d'entre vous qui ne regardent pas *Masterchef*, la « pousse » est une étape de la panification, qui consiste à laisser la pâte tranquille pendant que la levure se met à fermenter les sucres, ce qui dégage du gaz et fait pousser, ou lever, la pâte.

John Kellogg a ainsi laissé sa pâte toute la nuit, et celle-ci a bien trop poussé. La levure a transformé tout le sucre en dioxyde de carbone et le gaz s'est complètement échappé, si bien que la pâte est retombée. Le matin venu, plutôt que de la jeter, les frères Kellogg décidèrent de la réétaler au rouleau et découvrir qu'elle se cassait en tout petits flocons qui pouvaient être cuits.

À un moment, l'un des deux frères (ou peut-être Ella, la femme de John) a eu l'idée saugrenue de plonger ces flocons dans un bol de lait… Pourquoi pas, après tout ? Finalement, les frères Kellogg ont découvert que la farine de maïs donnait les meilleurs flocons. Un empire des céréales venait de naître[40].

Mais pas pour le petit-déjeuner

En 1530, un groupe de moines du monastère de Saint-Hilaire, dans le sud de la France, mettait du vin en bouteille. Le mécanisme de fermentation était déjà bien connu à cette époque : ajouter de la levure au sucre (habituellement contenu dans le jus de fruit) et laisser le tout tranquille quelques mois. La levure métabolise le sucre et excrète de l'éthanol et du dioxyde de carbone. Le dioxyde de carbone s'échappe sous forme gazeuse et l'éthanol demeure ; c'est l'alcool comestible.

C'est un mécanisme que nous connaissons depuis au moins treize millénaires et qui a presque certainement été découvert par accident, parce que personne n'irait volontairement mélanger du jus de fruit et des champignons dans un pot avant d'attendre en espérant en tirer quoi que ce soit. Mais les moines de 1530 découvrirent une nouveauté.

L'hiver cette année-là était particulièrement rude et, d'après eux, le froid avait tué leur levure. Ils s'attendaient donc à obtenir une cuvée bien trop sucrée, un vin dont la majorité du sucre resterait tel quel dans les bouteilles. Ils le mirent tout de même en bouteille, bien que s'attendant à beaucoup de mauvaises critiques sur leur page Facebook ; mais quand vint l'été 1531, les bouteilles commencèrent à exploser. Il se passait quelque chose d'étrange.

Ce que les moines ignoraient, c'est que la levure n'était pas morte de froid, elle était simplement entrée en hibernation. Elle était bien présente dans le vin et tout à fait vivante. Quand l'été a réchauffé les caves, la levure s'est réactivée d'un coup et s'est mise à métaboliser le sucre dans lequel elle flottait, ce qui a produit de l'alcool et du dioxyde de carbone. Mais, cette fois, le liquide était déjà enfermé dans une bouteille, ce qui a entraîné une augmentation de la pression due au gaz, pression suffisante pour faire éclater les bouteilles[41].

Les moines jugeaient cette cuvée désastreuse, mais il s'avéra que les gens apprécièrent beaucoup ce goût effervescent. En choisissant des bouteilles en verre plus épais, les moines parvinrent finalement à maintenir le gaz dissous dans le liquide, qui se contentait de mousser à l'ouverture. C'est le moine Pierre Pérignon, dit Dom Pérignon, qui le premier produisit en masse ce vin effervescent selon sa propre recette en Champagne, ce qui donna à ce breuvage festif son nom.

PARTIE 2

MALCHANCES ET MALFAÇONS

« Il a ramassé les citrons que le Destin lui avait envoyés et a monté un stand de limonade. »
ELBERT HUBBARD

« Ce qui ne me tue pas me rend plus fort. »
FRIEDRICH NIETZSCHE

« La vie n'est pas juste, tu vois. »
SCAR (*LE ROI LION*)

La mère de toutes les migraines

Les neurosciences ont émergé au cours du XIXe siècle sous l'impulsion du médecin allemand Gustav Fechner, qui ne s'est intéressé au sujet que parce qu'il était devenu à moitié aveugle après avoir fixé le soleil durant plusieurs mois juste pour voir ce qui allait se passer[1].

C'est au lit, en pleine convalescence, que Fechner décida d'explorer le lien entre le cerveau et l'esprit, sous l'hypothèse que l'un affectait directement l'autre. Ses idées donnèrent naissance à ce que sont aujourd'hui la psychiatrie, la psychologie et les neurosciences[2]. La première preuve significative, quoique sanglante, qui valida son idée, fut apportée par un malheureux accident de train.

En 1848, Phineas Gage posait des explosifs pour dégager le sol en vue d'y poser une nouvelle voie de chemin de fer qui traverserait le Vermont. Cette procédure était réalisée ainsi : d'abord, on creusait un trou dans la pierre qu'on remplissait de poudre. Ensuite, on recouvrait la poudre de sable avant de tasser le tout à l'aide d'une longue perche, appelée la tige de bourrage, dans le but d'enfoncer le plus possible l'explosif dans la pierre.

Dans l'après-midi du 13 septembre 1848, autour de 4 h 30, Gage bourrait la poudre quand quelque chose en provoqua l'allumage. Personne ne sait ce qui a causé l'étincelle. Toujours est-il que l'explosif détonna bien trop tôt et envoya la tige de bourrage droit dans la tête de Gage.

Elle pénétra sous son œil gauche et ressortit vers le sommet de son crâne en prélevant au passage un cylindre de cerveau. La tige faisait trois centimètres de diamètre et emporta donc avec elle un morceau correspondant du cortex préfrontal de Gage.

Par miracle, Gage ne mourut pas. Le plus probable est que le métal était si chaud qu'il cautérisa la plaie à son passage et empêcha Gage de se vider de son sang. Tandis que ses collègues le contemplaient avec horreur, il se releva, se plaignit d'avoir mal à la tête (sans blague) et sella son cheval pour retourner en ville. Quand il y parvint, quarante minutes plus tard et toujours en vie, il se présenta calmement au médecin Edward Williams et lui dit : « Docteur, voilà de quoi bien vous occuper[3]. »

Photographie en boîtier-daguerréotype
de Phineas P. Gage (1823-1860), survivant d'une lésion cérébrale,
tenant le fer de bourrage qui l'a blessé.

Le mois qui suivit fut difficile pour Gage, qui alternait les phases d'inconscience et de réveil. Les médecins durent stériliser les blessures dans son crâne à plusieurs reprises, mais peu à peu il retrouva un état qui ressemblait à la santé.

Malheureusement, la plus grande question qui entoure cette histoire, « Comment est-ce possible ? », ne connaît pas de réponse. Les registres médicaux du XIXe siècle étaient loin d'être parfaits et, même si nous avions des comptes rendus dans tous les détails, nous n'en savons pas assez long sur le cerveau pour répondre.

D'une manière ou d'une autre, Gage vécut après la destruction d'une partie de son cerveau. Cependant, ses médecins et ses collègues remarquèrent pendant sa convalescence une chose étrange. Gage n'était plus tout à fait lui-même. Là encore, on pourrait vouloir ranger ça dans la catégorie « sans blague », mais non, c'était plus profond. Toute la personnalité de Gage avait été modifiée.

On ne l'a pas soumis à un test de QI, personne ne lui a fait passer le questionnaire de Proust et il n'a rempli aucun de ces quiz du type « quelle pâtisserie êtes-vous ? », si bien que nous n'avons pas beaucoup de données à nous mettre sous la dent. Mais le peu que nous avons est très parlant.

Selon John Harlow, le principal médecin en charge de son cas, avant l'accident Gage était travailleur, compétent et apprécié de ses collègues du rail. Après l'accident, il était devenu « vulgaire, grossier, lourd et insultant ». Il s'est mis à jurer et est devenu plus paresseux, allant jusqu'à abandonner les tâches qu'il jugeait trop exigeantes[4].

Toutes ces observations menaient à une conclusion inévitable : le cerveau est le siège de la personnalité, modifiez-le et vous ne serez plus le même. Avant Gage, on estimait en général que les pensées et la personnalité humaines étaient choses séparées du corps, transcendantes, mais le changement de comportement drastique de Gage rendait cette croyance difficile à tenir. S'il existait réellement une âme immuable, pourquoi changerait-elle en cas de blessure au cerveau ? Ne devrait-elle pas être insensible à ces modifications terre à terre et uniquement matérielles ?

Le cas Gage est parfois caricaturé jusqu'à en faire une sorte de psychopathe lubrique. Ce n'était pas le cas, mais il demeure que la partie du cerveau qu'il avait perdu était celle qui le rendait sympathique.

L'hypothèse la plus fréquente est que le cortex frontal gauche du cerveau est la région associée au contrôle des pulsions et de la gratification différée. Privé de cette partie, Gage avait été ramené à ses bas instincts. Nous avons tous en nous une petite voix qui nous suggère d'être impoli et de faire les choses à moitié. Le cortex frontal est le bout de cerveau qui intervient dans ces cas-là pour nous inciter à faire mieux que ça. En le perdant, Gage perdit aussi la capacité d'« agir en conscience » et se transforma en sale type. Du moins… pour un temps.

L'un des détails les plus fascinants de l'histoire de Gage, qui n'est pas souvent rappelé, c'est qu'il finit par revenir à peu près à la normale dans les années qui suivirent. À la fin des années 1850, il était même devenu un cocher de diligence respecté et apprécié dont le seul problème était d'être aveugle de l'œil gauche[5].

Le cas de Gage est l'un des premiers exemples connus de « plasticité neurale », cette capacité du cerveau à changer, à reprogrammer et rétablir ses propres fonctions. Gage avait peut-être perdu la faculté d'être un chic type après l'accident, mais d'une manière ou d'une autre son cerveau savait que c'était une compétence utile, aussi l'a-t-il réapprise.

Image par image

Le 6 août 1860, une diligence conduite au travers des prairies texanes du Cross Timbers eut un accident en raison d'un défaut de frein. Parmi les passages se trouvaient un vendeur de livres anglais plutôt discret nommé Edward James Muggeridge, qui vola hors de la diligence et atterrit tête la première sur un rocher.

Quand il reprit conscience, Muggeridge découvrit qu'il voyait tout en double, parce que son cerveau n'était plus capable de fusionner les informations issues de ses deux yeux, le laissant victime d'un trouble appelé la diplopie. De plus, il avait perdu les sens du goût et de l'odorat, pourtant sans avoir été blessé ni au nez ni à la bouche.

Il retourna en Angleterre pour sa convalescence, où il fut traité par William Gull, le médecin personnel de la reine Victoria (que certains soupçonnent d'avoir été Jack l'Éventreur), mais, une fois la douleur estompée, les changements résiduels de son comportement demeuraient particulièrement étranges.

Tout d'abord, Muggeridge insista pour modifier son nom en Muygridge, puis Muybridge, puis Maybridge, son deuxième prénom en Santiago, enfin son prénom en Eduardo puis en Eadweard. Il était également devenu très agressif, au point de tuer l'amant de sa femme avec préméditation. Il fut acquitté et son acte requalifié en « homicide justifiable facilité par des lésions cérébrales ». C'est l'un des premiers exemples de défense juridique fondée sur l'abolition du discernement.

Plus important encore, l'accident le laissa aux prises avec une obsession, qui devait le dévorer pour le restant de ses jours. Durant celui-ci, Muybridge avait remarqué que son expérience du temps avait changé de façon très significative. Il avait perçu les événements à un rythme ralenti, et même si lent que tout lui avait paru figé. Il pouvait ainsi se rappeler tout l'accident avec autant de clarté que s'il s'était déplacé d'image fixe en image fixe.

Le concept de mouvement « au ralenti » nous paraît tout à fait commun, parce que nous vivons dans un monde où l'on choisit la vitesse des vidéos sur YouTube et où Zack Snyder fait des films, mais en 1860 l'idée d'un ralentissement du temps, c'était de la folie. Malgré tout, l'accident avait donné une idée à Muybridge : si on ralentit suffisamment un mouvement, on obtient une séquence d'images immobiles ; serait-il donc possible d'inverser ce mécanisme ? De prendre une série de photographies fixes et de les diffuser suffisamment vite pour créer le mouvement ?

Muybridge se mit donc à concevoir ce qui allait devenir une version primitive de la première caméra de cinéma. Cependant, dans le détail, sa conception serait à peine reconnaissable aujourd'hui. Par ailleurs, il n'avait obtenu le financement que grâce à un pari. Voilà comment ça s'est passé…

Le fondateur de l'université Stanford, Leland Stanford, voulait trancher une dispute. Quand un cheval galope, y a-t-il un mouvement où les quatre sabots sont décollés du sol ? Muybridge affirma pouvoir déterminer la réponse. Avec l'aide de Stanford, il installa une rangée d'appareils photographiques le long d'une prairie, dans le ranch de Sacramento de Stanford. Chaque appareil était relié à un fil et prendrait une photo du cheval au moment où le sabot de celui-ci toucherait le fil.

Muybridge put ainsi capturer une séquence de photographies qui montrait bien qu'existait en effet un moment où aucun des quatre sabots du cheval ne touchait le sol. Ses photographies pouvaient ensuite être projetées sur un écran où elles défilaient à grande vitesse, par rotation. Grâce à l'incapacité du cerveau à percevoir séparément des images fixes en défilement rapide (un phénomène optique appelé la « persistance rétinienne »), l'illusion du mouvement était créée.

The Horse in Motion par Edward Muybridge, 19 juin 1878.

De fait, l'une des plus vieilles séquences de film que vous avez dû voir (un jockey anonyme à cheval) a été filmée par Muybridge, lors de l'un de ses essais pour développer cette technique[6]. Aurions-nous eu des films si Muybridge n'avait pas été présent dans cet accident ? Non.

Faire toute la lumière sur l'esprit

Un coup de malchance psychiatrique encore plus inhabituel s'est produit un siècle plus tard, en 1953, quand un Américain nommé Henry Molaison subit une opération chirurgicale pour le guérir des crises épileptiques qu'il endurait depuis un accident de vélo dans son enfance.

Le chirurgien chargé de l'opération avait appris que l'ablation d'une partie de l'hippocampe calmait les crises des patients psychotiques, il tenta donc ce coup désespéré sur Molaison. Une fois remis de l'opération, ce dernier n'avait plus de crise, mais, ce que personne n'avait anticipé, c'est qu'il ne pouvait plus former de nouveaux souvenirs.

Pour tout le reste de sa vie, Molaison resta persuadé d'être un jeune homme de vingt-sept ans vivant en l'an 1953, même à plus de quatre-vingts ans. Il affirmait à grands cris être dans sa prime jeunesse et était devenu incapable d'apprendre quoi que ce fût depuis le jour de son opération[7].

Que lui était-il arrivé ? Très lentement, les médecins ont fini par comprendre que l'hippocampe est l'unité centrale du traitement de la mémoire. Les impulsions électriques qui créent un souvenir sont stockées partout dans le cerveau, mais c'est l'hippocampe qui coordonne le tout. Endommagez-le et vous voilà avec un patient incapable d'apprendre, comme Guy Pearce dans le film *Memento*.

Nous avons encore du chemin à parcourir avant de pouvoir comprendre complètement comment le sac de gras et d'eau salée qui se trouve dans notre crâne est capable de stocker l'information, mais l'opération de Molaison a été le premier indice nous indiquant que certaines régions du cerveau sont chargées d'enregistrer les sensations. Toute la notion d'apprentissage de nouvelles informations nous a été finalement expliquée après que nous avons accidentellement ôté à un homme cette simple faculté.

Un cas semblable est rapporté à propos d'un homme surnommé « NA », qui avait été blessé au niveau de l'hippocampe et s'était de même retrouvé incapable de former de nouveaux souvenirs. Nous savons que cela est survenu dans les années 1960 au Portugal quand le patient avait vingt-deux ans, mais guère plus. Tout ce qu'il nous reste de ce cas, c'est l'une des phrases les plus énigmatiques de l'histoire de la médecine : « Le patient a subi une blessure cérébrale à la suite de l'introduction d'un fleuret d'escrime miniature[8]. »

Des yeux dans l'estomac

En 1822, un trappeur canadien nommé Alexis Saint-Martin reçut par accident une décharge de mousquet en pleine poitrine. On supposait qu'il en mourrait à coup sûr, mais grâce à l'intervention d'un chirurgien doué, William Beaumont, venu lui porter secours à cheval, Saint-Martin survécut. Il en conserva toutefois un effet secondaire étrange : son corps forma un tuyau entre son estomac et la surface de sa peau.

Par un caprice du destin, les cellules de Saint-Martin chargées de reconstruire son anatomie avaient commis une erreur et bâti un tunnel depuis son estomac jusque sous son téton gauche. Son corps s'était ainsi retrouvé pourvu d'un deuxième œsophage accidentel.

William Beaumont flaira tout de suite l'opportunité et, avec beaucoup de cruauté, il força Saint-Martin, qui était illettré, à signer un contrat autorisant Beaumont à lui faire subir des expériences anatomiques. On ne savait presque rien de la digestion à l'époque, c'était l'occasion de la voir en direct.

Beaumont commença par attacher de la nourriture à des ficelles pour la faire descendre dans l'ouverture de la poitrine de Saint-Martin et la faire remonter à intervalles réguliers, en mesurant à chaque fois la masse désagrégée. Parfois, il regardait directement dans le trou au moyen d'une lampe pour voir ce qu'il s'y passait ; d'autres fois, il plaçait de la nourriture dans de petits sacs pour mesurer l'efficacité des acides et des enzymes face au tissu[9].

En l'espace de dix ans (durant lesquels Saint-Martin tenta de s'échapper plusieurs fois mais était toujours rattrapé par le trop zélé Beaumont, toujours aussi peu soucieux du bien-être de son patient), plus de deux cents expériences furent ainsi menées sur lui. C'est triste à dire, mais beaucoup nous furent très utiles.

Beaumont fut le premier à déterminer que l'estomac contient de l'acide chlorhydrique, que l'estomac détruit la nourriture, que les aliments sont métabolisés à des vitesses différentes selon leurs ingrédients et, le plus surprenant de tout, que l'humeur d'une personne affecte sa vitesse de digestion : Saint-Martin digérait plus lentement quand il était en colère (ce qu'il était très souvent)[10].

Mais c'était qui, le Dr Tuggle ?

Afin d'équilibrer un peu les choses avec une histoire de blessure au torse un peu plus gaie et tout aussi fertile, voici l'histoire de John Pemberton.

Pemberton avait reçu un coup d'épée dans les intestins durant la guerre de Sécession et était devenu accro à la morphine qu'il employait pour atténuer ses douleurs constantes. Malheureux de cette addiction, Pemberton décida qu'il était temps de trouver de meilleurs antidouleurs, qui ne contiendraient pas d'opiacés, et se mit dans la tête de les découvrir.

Sa première tentative était un tonique qu'il baptisa « Le sirop composé du Dr Tuggle ». Il stoppait bien la douleur, mais son ingrédient principal était tiré d'une fleur toxique, le bois-bouton d'Alaska, si bien que ce n'était pas génial, comme alternative.

Mais l'invention d'un anti-douleur vénéneux ne l'arrêta pas. Pemberton inventa une nouvelle recette qui mélangeait la cocaïne, le vin, la noix de cola et une autre fleur, la damiana. Malheureusement, son projet échoua une nouvelle fois, cette fois en raison d'une salve de lois d'abstinence aux États-Unis qui rendirent illégales les boissons à base de vin (mais la cocaïne ça allait). Sa nouvelle version sans alcool était bien moins bonne, surtout servie chambrée, il lui fallait donc trouver une technique pour la refroidir.

Il se mit en affaires avec le magnat de l'eau gazeuse Willis Venable et ils conçurent ensemble une solution. Quand on dissout du dioxyde de carbone dans l'eau, le gaz empêche les molécules d'eau de se tasser les unes contre les autres, ce qui fait qu'elles retiennent moins bien la chaleur. L'eau gazeuse est ainsi plus facile à refroidir que l'eau plate. Ne reste plus qu'à en supporter l'effervescence.

Venable et Pemberton se sont donc mis à mélanger de l'eau gazeuse avec de la cocaïne et du jus de cola. C'est là qu'ils ont découvert que les gens adoraient ce goût effervescent. Avec un peu de marketing en plus, la potion de Pemberton est devenue le Cocaïne-Cola, puis que le Coca-Cola, le soda le plus populaire du monde. Tout ce qu'il avait fallu pour ça, c'étaient des lois de prohibition, des plantes vénéneuses, une addiction à la morphine et un petit coup d'épée dans le ventre[11].

Science dure

Au début des années 1990, le géant de la pharmacie Pfizer cherchait à tester un nouveau médicament développé par ses laboratoires, censé lutter contre l'angine de poitrine (caractérisée par des douleurs au thorax en raison d'une mauvaise irrigation du cœur). Il avait été conçu par des techniciens dans le pittoresque village anglais de Sandwich, et les modèles numériques montraient qu'il devrait se lier aux récepteurs biologiques qui fonctionnent mal chez les patients atteints. Les résultats des essais animaux étaient prometteurs, aussi Pfizer s'est-il tourné vers l'un de ses meilleurs chercheurs, Ian Osterloh, pour conduire une étude humaine dans son hôpital de Swansea, au Pays de Galles[12].

Le médicament, de nom de code UK-92480, fut testé sur un groupe de patients atteints d'une angine de poitrine, mais, après plusieurs mois, le constat d'échec était complet. Si le médicament soulageait bien certains symptômes, il était très loin d'être assez fort pour être cliniquement notable, et à peine au-dessus du placebo. Après l'argent et le temps que Pfizer lui avait consacrés, UK-92480 s'avérait un grand gâchis. C'est très fréquent dans la recherche médicale ; ce qui est beaucoup plus rare en revanche, c'est ce qu'il s'est passé ensuite.

La situation devint cocasse quand l'une des infirmières qui surveillaient le groupe de sujets testés rapporta des comportements étranges chez les patients mâles. Après administration du médicament, a-t-elle raconté, elle avait retrouvé tous les hommes allongés sur le ventre. Tous refusaient de lui livrer leur compte rendu autrement. Ni assis ni debout. Quelques questions prudentes révélèrent la raison de leur gêne : tous étaient aux prises avec une interminable érection, et aucun ne souhaitait se montrer dans cet état[13].

Au début, Osterloh ne s'est pas intéressé à cet effet secondaire, mais plus il administrait ce médicament et plus régulière était sa mention. Lui et son équipe avaient découvert un traitement des troubles érectiles, une affaire importante du point de vue médical aussi bien qu'économique. Quand 15 % des hommes souffrent d'angine de poitrine, les troubles de l'érection sont précisément corrélés à l'âge : 40 % des hommes en connaissent à la quarantaine, 50 % à la cinquantaine, etc. UK-92480 a donc été reconditionné comme un médicament contre les troubles de l'érection, que vous connaissez aujourd'hui sans doute sous son nom commercial : le Viagra.

La science de l'érection est complexe dans ses détails, mais l'idée de base est très simple. D'abord, il se passe quelque chose au niveau du cerveau qui déclenche l'excitation sexuelle. Ensuite, le cerveau provoque la libération d'une molécule appelée la guanosine monophosphate cyclique (GMPc pour aller vite), qui est chargée de détendre les muscles. On pourrait croire qu'on voudrait ici exactement l'inverse, mais au contraire, certains tissus se gorgent de sang quand ils sont détendus, ce qui cause leur dilatation.

Mais hélas : impossible d'avaler de la GMPc puis de croiser les doigts. La GMPc a beaucoup d'autres fonctions, dont la bonne santé de la rétine et la formation de la mémoire. Le corps a des milliers de systèmes pour amener les molécules là où elles doivent être, si bien que le bourrer de cette molécule aura aussi des incidences sur les autres voies dans lesquelles elle agit. Plutôt que de l'ingérer, il nous faut donc nous assurer que les voies de la GMPc déjà présentes dans le corps fonctionnent au mieux.

La GMPc a une ennemie jurée, la phosphodiestérase-5 (PDE-5), dont le rôle consiste à la décomposer quand elle s'accumule. Le problème des troubles de l'érection paraît être une surproduction de PDE-5, qui détruirait la GMPc avant qu'elle ait le temps de faire son travail. C'est ce sur quoi doit travailler un médicament vasodilatateur. Plutôt que de s'attaquer au symptôme, qui serait « pas assez de GMPc », ce médicament, s'il veut fonctionner, doit en traiter les causes, à savoir « la PDE-5 en hydrolyse trop ».

Lors des simulations, le composé UK-92480 montrait bien la faculté de se lier à la PDE-5 et d'ainsi arrêter le massacre de la GMPc si nécessaire. En théorie, pensaient les chercheurs, UK-92480 devrait ramener à la normale le flux sanguin dans la région du cœur. Le principe était bon, pas la localisation.

Pourquoi ce composé fonctionne-t-il mieux au niveau du pénis qu'à celui du cœur, nous l'ignorons (insérer ici votre propre blague sur le chemin le plus court vers le cœur d'un homme). Il se pourrait simplement qu'il y ait plus de PDE-5 dans le pénis, parce que les pénis ont plus régulièrement besoin d'hydrolyser la GMPc. Après tout, personne ne voudrait être constamment en érection. Il faut bien parfois sortir de chez soi.

Les premiers tests de Viagra pour le traitement des troubles de l'érection impliquaient une dizaine d'hommes et tous parvinrent à l'érection quand les médecins leur firent visionner de la pornographie (au nom de la science, voyez-vous[14]). L'essai suivant, sur plus de deux cents sujets, détermina que le Viagra était efficace pour 69 % d'entre eux (c'est le vrai chiffre, ça ne s'invente pas[15]).

C'était un résultat important parce que, avant le Viagra, il n'existait qu'une seule façon de stimuler l'érection de manière artificielle, et elle n'était pas jolie-jolie. Le professeur Giles Brindley de l'université de Cambridge avait découvert en 1983 que deux molécules appelées la papavérine et la phentolamine étaient capables de dilater le sang dans les vaisseaux, mais il fallait les injecter directement dans le pénis pour qu'elles fonctionnent, ce qu'il avait démontré de manière plutôt voyante.

Pour le congrès de la Société d'urodynamique qui se tenait à Las Vegas en 1983, Brindley devait donner une conférence. Il avait décidé d'en profiter pour révéler sa découverte. Devant tout un parterre d'urologues distingués, Brindley est donc monté sur l'estrade en survêtement pour présenter à son public des photographies de son propre pénis en érection. Trente photographies, très exactement.

Mais il ne s'est pas arrêté là.

Après sa présentation à ses confrères de plus en plus silencieux, Brindley reconnut que ces diapositives ne prouvaient pas que l'érection avait été médicalement provoquée. Aussi, afin de démontrer l'efficacité de son traitement, il fit remarquer que donner une conférence était très loin d'être excitant et que, pourtant, il était en ce moment même en érection, car il s'était injecté lui-même de la papavérine dans le pénis avant de venir.

Brindley s'est alors déplacé de derrière le lutrin pour révéler à tous la raison de sa tenue. En tirant bien le tissu de son survêtement contre son entrejambe, il a démontré qu'il était bel et bien en érection.

Mais il ne s'est pas arrêté là.

Brindley jugea que le pantalon de survêtement empêchait de discerner précisément les effets de la molécule et que son érection était trop discrète (alors qu'on pourrait supposer que, parvenu à ce point de la démonstration, le public était tout disposé à le croire sur parole).

Il décida donc que la seule manière de prouver l'érection était de baisser son pantalon devant tout le monde. Ce qu'il fit.

Mais il ne s'est pas arrêté là.

Après quelques instants plongés dans un tel silence qu'on y aurait entendu une épingle tomber (de même qu'un pantalon), Brindley décida de *vraiment* prouver son affaire et demanda à son public de venir inspecter son pénis pour en mesurer la raideur. Il descendit les marches de l'estrade en brandissant son érection comme un lance-missiles. Des cris retentirent du premier rang, tandis que les médecins fuyaient terrifiés, et ce ne fut qu'alors que Brindley jugea que cela suffisait. Il retourna sur l'estrade. Naturellement, cette conférence n'a pas laissé beaucoup d'autres souvenirs[16].

Brindley a publié ses résultats six mois plus tard dans le *British Medical Journal*, mais son traitement n'a pas convaincu grand-monde. Le Viagra a fourni une solution plus engageante aux hommes qui n'avaient pas très envie de se planter une seringue dans le pénis, c'est-à-dire à *tous* les hommes.

Il faut toutefois noter une limite importante, qui est que le Viagra ne favorise l'érection du pénis que s'il y a bien déjà de la GMPc présente. S'il n'y en a pas, inhiber la PDE-5 sera inutile. Le Viagra ne crée pas l'érection à lui seul et il n'augmente ni la libido ni l'endurance.

Il faut nécessairement une stimulation sexuelle pour enclencher la machine. Prendre du Viagra ne donnera rien si tout ce que vous faites ensuite c'est de regarder des ustensiles de jardinage (enfin, ça dépend du *sex-appeal* des outils en question). Tout ce qu'il fait, c'est faciliter l'assouvissement d'une pulsion déjà présente. On estime aujourd'hui que le commerce du Viagra représente une valeur de 2,5 milliards de dollars.

Retour de bâton

Un dernier mot sur la science accidentelle du pénis : en 1999, le chercheur hollandais Pek van Andel s'est demandé ce qu'il se passait dans le corps au moment de l'orgasme. Il a décidé de demander à des couples de faire l'amour dans un scanner à IRM tandis qu'il les observait.

L'expérience a été menée treize fois avec des couples volontaires qui devaient se tenir parfaitement immobiles pendant l'orgasme pour que la machine produise une image nette. Au-delà de certains résultats peu surprenants (par exemple la difficulté de faire l'amour dans un scanner), il y a eu une très grosse surprise. Il s'est avéré que, durant le coït, un pénis en érection prend la forme d'un boomerang, dont au moins les deux tiers de la courbe sont situés à l'intérieur du corps de l'homme.

D'une certaine façon, c'était une nouvelle rassurante, car tous les hommes pouvaient soudain se vanter de disposer d'un appendice plus grand qu'ils le pensaient, mais elle était aussi de nature à nous laisser humbles, puisque, pour la majorité de l'histoire humaine, nous nous sommes trompés sur la forme exacte du pénis[17].

Boue royale

En 1856, le chimiste allemand August von Hofmann essayait de produire de la quinine, un traitement efficace contre la malaria. Selon une légende péruvienne, la découverte de cet usage de la quinine serait due à un jeune homme qui souffrait d'une terrible diarrhée dans la jungle andine. La déshydratation menaçait de l'emporter, aussi s'abreuva-t-il, désespéré, à un bassin situé au pied d'un quinquina. Cet arbre était considéré comme vénéneux, mais il n'avait pas le choix. Ce qu'il ignorait, c'est que l'écorce du quinquina contient de la quinine, et que celle-ci avait infusé l'eau de la mare. En quelques jours, sa fièvre avait disparu. Il avait trouvé un remède[18].

Hofmann cherchait à synthétiser en laboratoire de la quinine artificielle afin d'en produire en masse, plutôt que d'avoir à cultiver et récolter des quinquinas. Si cette molécule pouvait être fabriquée, des centaines de milliers de vies pourraient être sauvées.

Au milieu du XIXe siècle n'existait pas encore toutefois de théorie générale des réactions chimiques, et donc aucun moyen de prédire pourquoi telle substance se transformait en telle autre. Nous ne savions rien des atomes, seuls 50 % des éléments avaient été isolés et le chimiste russe Dmitri Mendeleïev n'inventerait pas le tableau périodique avant encore treize ans (voir la partie « Le tableau périodique des quoi ? » p. 153).

Il faudrait encore attendre soixante-dix ans pour que Linus Pauling découvre la nature des liaisons chimiques, une découverte semblable, pour la chimie, à ce que sera celle de l'évolution pour la biologie (que le nom de Pauling ne soit pas inscrit en lettres d'or dans tous les laboratoires est un scandale). Mais je digresse…

Toujours est-il qu'au XIXe siècle les réactions étaient un mélange d'intuition et de chimie de cuisine, « touille ces molécules ensemble et croise les doigts ». Hofmann mélangeait ainsi des molécules aux propriétés similaires à celles de la quinine en espérant que l'une d'elles en soit suffisamment proche pour se transformer finalement en vraie quinine.

Quand vinrent les vacances de Pâques, Hofmann décida qu'une pause lui ferait du bien. Il transmit donc son projet à son assistant de laboratoire de dix-huit ans, William Perkin, en tant que devoir à la maison. Je suppose qu'il lui dit quelque chose comme : « Dis donc Perkin, sois gentil et découvre le remède à la malaria, veux-tu ? »

Perkin avait installé un petit laboratoire dans son grenier, il décida donc d'amener tous les produits nécessaires chez lui, tout en maudissant dans sa barbe le nom de Hofmann. Durant la pause de Pâques, il se mit à mélanger ces diverses potions dans tous les sens possibles en espérant obtenir celle qui aurait la bonne densité et le bon aspect. Il n'y parvint pas[19], jusqu'à ce que, sans raison particulière, il obtînt de l'aniline qu'il mélangea avec du dichromate de potassium. L'aniline est un liquide huileux à l'odeur de poisson pourri qu'on extrait des feuilles de l'indigotier en les faisant bouillir. Le dichromate de potassium est un liquide orange vif sans odeur particulière. Les deux sont extrêmement toxiques.

Malheureusement pour Perkin, l'aniline qu'il utilisait n'était pas de très bonne qualité. Elle contenait une impureté appelée la toluidine. La toluidine est un contaminant fréquent des échantillons d'aniline, mais celui de Perkin devait être vraiment mauvais parce que l'aniline ne représentait à peu près que la moitié de son volume total. Or, dans un pot contenant de la toluidine et de l'aniline, les deux molécules réagissent, surtout en présence de dichromate de potassium. Le résultat : une pâte noire et gluante collée au fond de la fiole. Nouvel échec.

Ce blob visqueux apparaît souvent dans les laboratoires, il signifie que les molécules de départ ont réagi de manière imprévisible et incontrôlée pour venir ainsi se coller toutes les unes contre les autres. Cette matière ne sert à rien (à part peut-être dissuader les enfants de se mettre à la cigarette), si bien que Perkin soupira et s'en alla laver son pot.

La méthode standard pour nettoyer le goudron collé au fond d'un tube à essai, c'est de jeter le tube à essai et de présenter ses excuses au technicien du labo, mais Perkin se mit en tête de sauver ce tube-là. Il était en vacances après tout, il fallait bien qu'il fasse avec ce qu'il avait sous la main. Il y versa donc une solution d'alcool pour dissoudre le goudron… qui prit soudain une riche teinte violette[20].

C'était excitant, parce que le violet était bien connu pour être la couleur la plus difficile à obtenir dans l'art et les industries textiles. Une teinture rouge s'extrayait facilement de la cochenille, une jaune d'un minerai appelé la goethite, une bleue de la spiruline, mais la violette résistait. L'une des seules sources était un mollusque méditerranéen appelé le murex, et la pourpre qu'il produisait était pâle, si bien qu'il fallait des milliers de ce coquillage pour colorer une seule pièce de tissu[21].

C'est pourquoi, depuis l'Antiquité grecque, les teintures violettes ou pourpres étaient très recherchées. Seuls les plus riches portaient des tissus violets. Leur simple possession était considérée comme un symbole de pouvoir et d'influence. Encore aujourd'hui, la famille royale anglaise utilise la pourpre pour leurs tenues solennelles, car c'est la couleur qui évoque la royauté.

Personne ne connaissait de méthode pour produire des agents colorants violets, à part ce jeune garçon de dix-huit ans dans son grenier qui observait son tube à essai à avec du goudron sur les doigts. Perkin avait découvert une technique pour obtenir l'agent colorant le plus précieux du monde.

La molécule qu'il avait produite et qu'il appela d'abord « la pourpre de Tyr » avant de se décider pour le nom plus percutant de « mauvéine » était le résultat d'une réaction entre l'aniline et la toluidine. Il est très probable que d'autres chimistes en aient eux-mêmes produit auparavant sans s'en apercevoir, pour avoir jeté la pâte noire sans y faire attention. C'est parce que Perkin avait décidé de laver son matériel qu'il en était venu à dissoudre le goudron pour révéler le colorant qu'il contenait.

Avec l'aide de son frère, Perkin installa un laboratoire secret dans son jardin où Hofmann ne viendrait pas fourrer son nez, et ils déterminèrent ensemble un moyen de produire la mauvéine de façon contrôlée.

Hofmann n'était pas content quand il apprit ce qu'il se passait. Il décrivit la découverte de Perkin comme de la « boue violette ». Perkin, toutefois, vendit le brevet et devint millionnaire. Charles Dickens lui-même écrivit un édito louant sa teinture pour sa façon de souligner les courbes féminines : « Ô, pourpre de Perkin, tu es une couleur bien chanceuse, et notre favorite[22]. »

Bien que personne alors ne sût pourquoi la mauvéine se formait, on se dit que démarrer avec des molécules similaires pourrait bien donner d'autres couleurs. Ce qui se produisit. En abondance. À la fin du XIXe siècle, la technique de Perkin avait généré plus de dix mille colorants artificiels[23].

La compréhension du mécanisme qui donne sa couleur a une molécule vint bien plus tard : elle est due à une propriété moléculaire appelée la liaison π. L'une des plus fréquentes de ces liaisons dans la nature se trouve dans l'anneau de benzène, une boucle hexagonale d'atomes de carbone*, que l'aniline et la toluidine présentent. La mauvéine n'est que le résultat de liaisons entre ces molécules.

C'était la propriété clé à connaître pour la production de colorant artificiel. En utilisant des molécules dérivées du benzène, on augmente beaucoup les chances d'obtenir une couleur. C'était encore de la chimie de cuisine, mais Perkin avait identifié une casserole bien précise qui contenait des molécules riches en benzène. L'industrie des colorants pèse aujourd'hui six milliards de dollars.

Une découverte qui vous colle à la peau

Il existe trois façons de lier des objets entre eux : une mécanique, une électromagnétique et une chimique. La mécanique est la plus simple, elle consiste à assembler les objets de sorte que les frottements les empêchent de glisser l'un contre l'autre. C'est la base des nœuds et des fermetures auto-agrippantes, inventées en 1941 par l'ingénieur électricien suisse George de Mestral, qui avait remarqué comment les graines de bardane s'agrippaient à la fourrure de son chien[24] (les règles pour simplement écrire le vrai nom de ce produit sont si compliquées que je ne les ai pas comprises, si bien que je parle de fermeture auto-agrippante pour éviter les procès ; mais vous voyez bien ce que

* La structure du benzène est venue à l'esprit du scientifique allemand August Kekulé alors qu'il dormait dans une charrette tirée par un cheval. Il eut un rêve dans lequel un serpent se mordait la queue, ce qui lui donna l'idée d'une molécule en forme d'anneau.

je veux dire, ces bandes dont les enfants se servent pour fermer leurs chaussures avant de savoir nouer des lacets).

Les deux autres formes de liaison sont plus compliquées, et les plus célèbres de leurs applications à toutes les deux sont le résultat de découvertes accidentelles.

En 1942, Harry Coover travaillait dans le service Recherche & Développement d'Eastman Kodak à New York quand l'armée l'a démarché. Elle voulait qu'il lui fabrique un plastique transparent utilisable pour les viseurs d'armes à feu. La plupart de ces viseurs sont en métal afin de pouvoir supporter la chaleur de la détonation, mais un viseur transparent serait évidemment préférable.

Coover et son équipe se sont mis au travail en creusant un type de molécules appelées les esters. Les esters sont faciles à lier ensemble, il est possible d'en créer des chaînes entières qui s'accrochent les unes aux autres et forment ainsi des plastiques. Lors de ces recherches sur les esters, l'équipe de Coover en a débusqué un nouveau, le méthyl-2-cyanocrylate. Malheureusement, il ne formait pas un plastique rigide mais une pâte absurdement collante qui se liait à tout ce qu'elle touchait, si bien que le gouvernement a abandonné le projet.

Six ans plus tard, Coover voulait obtenir un autre genre de plastique pour former des verrières d'avion, quand il décida de revenir à sa concoction hyper collante. Il en donna à l'un de ses assistants de laboratoire en le prévenant qu'elle se collerait à tous les outils qu'il utiliserait pour ses tests. Quelques semaines plus tard, l'assistant lui raconta qu'il s'était beaucoup amusé à coller au hasard tout et n'importe quoi. C'est là que Coover s'est rendu compte que ce qu'il avait jugé être un plastique complètement raté était en réalité la colle la plus puissante du monde.

Dès qu'ils en ont été informés, ses supérieurs chez Kodak en ont vu les applications possibles et se sont mis à vendre « l'adhésif Eastman 910 », plus tard renommé « super glue ». Coover a même démontré la force de sa formule lors d'une émission de télévision, « I've Got a Secret », en soulevant le présentateur Gary Moore à l'aide d'un câble accroché par une seule goutte de super glue.

Durant la guerre du Vietnam, un général américain a de nouveau entrepris Coover, cette fois pour lui demander de la super glue en tant qu'outil chirurgical pour fermer les plaies directement sur le champ de bataille. Cela n'a jamais été officiellement admis (d'ailleurs le nom de ce général n'est pas connu), mais Coover a bien découvert que pulvériser de la super glue sur une plaie ouverte pouvait sceller les chairs plus vite que des points de suture, ce qui a sauvé d'innombrables vies[25].

La clé du fonctionnement de la super glue, c'est que les molécules de cyanoacrylate ne sont pas collantes par elles-mêmes. Elles ne se lieront pas entre elles ni avec l'intérieur du tube. En revanche, dès qu'elles entrent en contact avec de l'eau, elles coagulent. Un peu comme la farine : ça ne colle pas vraiment, mais ça se transforme en pâte dès qu'il y a un peu d'humidité.

Les molécules d'eau, qu'on trouve à la surface d'à peu près tout, poussent celles de cyanoacrylate à se lier entre elles et à former des chaînes difficiles à casser. Si la colle cyanoacrylate est entre deux surfaces quand elle commence à s'agglomérer comme ça, elle créera des liens avec les deux surfaces, ce qui les fusionnera.

Naturellement, la super glue fonctionne mieux sur les matières riches en eau (comme la peau), mais même les matières sèches pourront être ainsi liées grâce à l'humidité de l'air. La seule manière de s'en débarrasser ensuite est de dissoudre ces chaînes grâce à un solvant. Ajouter de l'eau n'aidera donc pas du tout.

Une autre qui colle moins

Et si vous ne voulez pas que ça reste collé pour toujours ? Et si vous voulez quelque chose de juste assez collant pour que ça tienne, mais pas au point de provoquer une adhésion permanente ? Pour cela, nous nous tournons vers l'ingénieur américain Spencer Silver qui, en 1968, travaillait chez 3M pour tenter de produire un nouveau type de colle destiné au métal dans les avions.

La super glue était très efficace, mais pas idéale pour les surfaces métalliques qui sont pauvres en eau. Silver testait différentes formules de colle et, plutôt que d'en obtenir une très forte, il en obtint une très faible. Sa recette contenait des molécules d'acrylate, comme celle de Coover, mais le composé final était clairement inutile. Qui aurait besoin d'une colle qui ne colle pas ?

Silver a bien essayé de convaincre ses patrons qu'un adhésif léger pouvait avoir certains usages – il a par exemple proposé de fabriquer des tableaux noirs recouverts d'une couche de cette colle afin de pouvoir y coller des feuilles –, mais personne ne s'est montré intéressé. Pendant des années, son invention a circulé chez 3M en tant que curiosité ou, comme il l'a dit lui-même, « de solution à un problème qui n'existait pas[26]. »

Finalement, il a présenté sa colle faible à un ingénieur appelé Arthur Fry, qui a immédiatement envisagé un usage possible. Fry chantait dans la chorale de son église et il avait remarqué que ses marque-pages en papier glissaient constamment de son livre d'hymnes (le papier de ces livres est très glissant). Il décida d'enduire un bout de papier de l'adhésif de Silver et de s'en servir comme marque-page légèrement collant. Cette technique marcha à merveille.

Depuis toutes ces années, Silver tentait de vendre son idée à l'envers. Plutôt que de disposer d'une surface collante où installer des feuilles, que diriez-vous d'avoir des feuilles pourvues d'une bande de colle très légère ? Après quelques réglages pour s'assurer que l'adhésif resterait bien sur le papier, et voilà que 3M commercialisait le produit, d'abord sous le nom de Press 'n' Peel [« appuyez-décollez », NdT], avant de le vendre plus largement sous le nom de Post-it.

Le mécanisme des Post-it est plus compliqué que celui de la super glue car il fonctionne par attraction électromagnétique plutôt que par réaction chimique.

Autour de tous les atomes, des électrons se déplacent. Quand ils passent d'un côté à l'autre, ils transforment l'atome en un mini-aimant, avec un côté riche en électron et un côté qui en manque. L'atome voisin va donc pivoter à son tour pour générer en réponse le champ électromagnétique correspondant, ce qui rapprochera les deux atomes. Et ce mécanisme ne s'arrêtera jamais : placez deux atomes proches l'un de l'autre et se créera une petite attraction entre eux. Ces forces sont appelées les « forces de London ».

Les forces de London ne jouent habituellement aucun rôle, parce que les autres forces les surpassent des millions de fois. Si vous posez les mains sur le ventre d'un avion avant le décollage, vous ne décollerez pas pour autant, même si, techniquement, vos mains sont attirées par l'avion. La gravité et la résistance de l'air remporteront ce combat à tous les coups.

Vous pouvez toutefois sentir les effets des forces de London en pressant votre paume fortement sur une table bien lisse. Quand vous essaierez de lever la main ensuite, vous sentirez parfois une faible résistance : c'est la table qui vous retient. Votre peau si douce s'est étalée et la surface de contact ainsi produite crée juste assez d'interactions entre vos atomes et ceux de la table pour que cette petite attraction se produise.

Les geckos mettent bien mieux à profit ce phénomène grâce à leurs pattes ridées pourvues d'une énorme surface de contact, entraînant naturellement des forces de London bien supérieures. Les araignées emploient le même genre de technique pour grimper aux murs. Elles sont si légères que les minuscules attractions électromagnétiques formées entre elles et le mur sont suffisamment fortes pour soutenir leur poids. Les Post-it fonctionnent selon le même principe.

La matière enduite au dos du Post-it est composée de longues chaînes d'acrylate qui se roulent en boule. Quand le papier est pressé contre quelque chose, les chaînes en boules s'étalent et comblent les trous présents dans la surface en question. Quand on arrête de presser, les chaînes ont enduit la surface et, en remplissant les trous, ont augmenté les forces de London. Pas assez fort pour que tout soit définitivement collé, mais assez pour que cela tienne.

Les Post-it ne collent pas à tout bien sûr, surtout quand la surface est trop lisse, car alors il n'y a pas suffisamment de surface de contact avec les chaînes. Cependant, toute matière un peu rugueuse fonctionne bien. Aujourd'hui, la super glue, un plastique raté, pèse 2,5 milliards de dollars, et les Post-it, une colle ratée, 2,3 milliards.

Le plastique, c'est fantastique

Le polyéthylène est l'un des plastiques les plus simples. Il est composé d'atomes de carbone liés ensemble en chaîne, chaque atome étant lui-même lié à deux atomes d'hydrogène, comme cela :

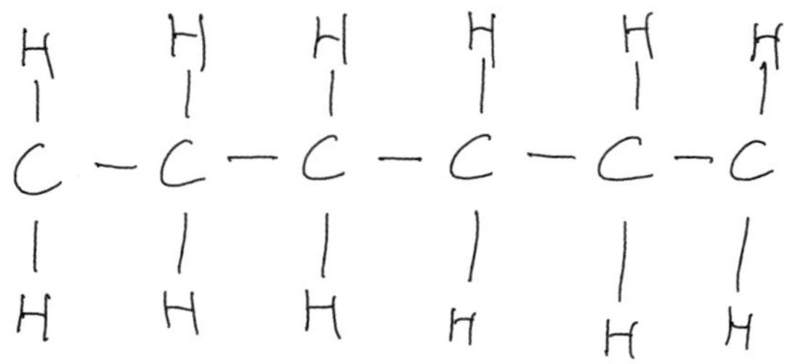

On sait aujourd'hui qu'il pose de nombreux problèmes écologiques, car la chaîne est si résistante qu'elle se dégrade mal, au point que ses fibres peuvent rester dans l'écosystème pendant des centaines d'années. C'est pourquoi nous nous efforçons de diminuer notre usage du polyéthylène, qui a été pendant des décennies le plastique préféré du monde entier (peut-être après le silicone). Or, le polyéthylène a été découvert par accident. Trois fois.

En 1894, le chimiste allemand Hans von Pechmann a découvert une nouvelle molécule appelée le diazométhane, un gaz toxique et même létal de couleur jaune, employé comme intermédiaire dans la production des éthers. Mais quand Pechmann l'a dissous en solution, il a remarqué que subsistaient de petits flocons blanchâtres très énervants.

Il a écrit à son ami le chimiste E. Hindermann (dont le prénom est perdu pour l'histoire) pour lui raconter ce coup des flocons, et Hindermann lui a répondu très étonné qu'il avait trouvé exactement la même chose ! Le diazométhane formait un précipité blanc agaçant après dissolution.

Les deux décidèrent de considérer ces flocons comme un sous-produit négligeable, car tout ce qui les intéressait, c'était le diazométhane. Ils ignoraient qu'ils avaient découvert puis rejeté, indépendamment, le plastique le plus utilisé dans l'histoire depuis[27].

La troisième découverte accidentelle eut lieu en 1933, quand Reginald Gibson et Eric Fawcett travaillaient sur un produit simple, l'éthylène, dans les locaux des Imperial Chemical Industries, dans le Cheshire. L'éthylène est composé de deux atomes de carbone liés ensemble, avec deux atomes d'hydrogène chacun, le tout formant une forme semblable à la lettre H.

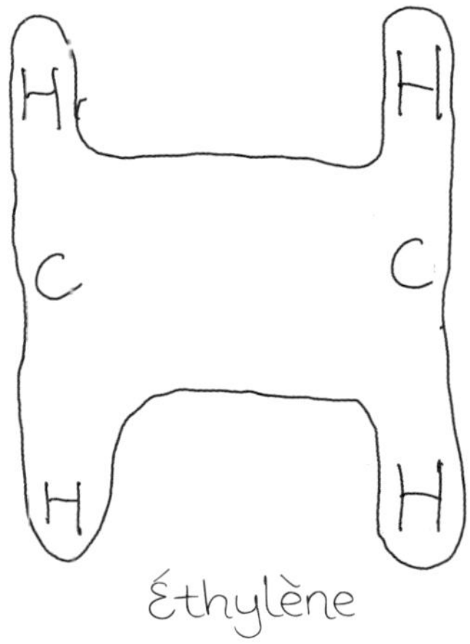

Gibson et Fawcett tentaient de faire réagir de l'éthylène avec du benzaldéhyde dans l'espoir d'obtenir une nouvelle résine industrielle. Le 24 mars, ils ont chargé les deux réactifs dans le pressuriseur et les y ont laissés à mariner tout le week-end. Mais il y a eu un problème : une valve de l'appareil fuyait. Une petite bulle d'air s'est ajoutée au mélange et elle a déstabilisé les molécules d'éthylène, les poussant à se lier entre elles plutôt qu'avec le benzaldéhyde, ce qui a formé des chaînes de polyéthylène*.

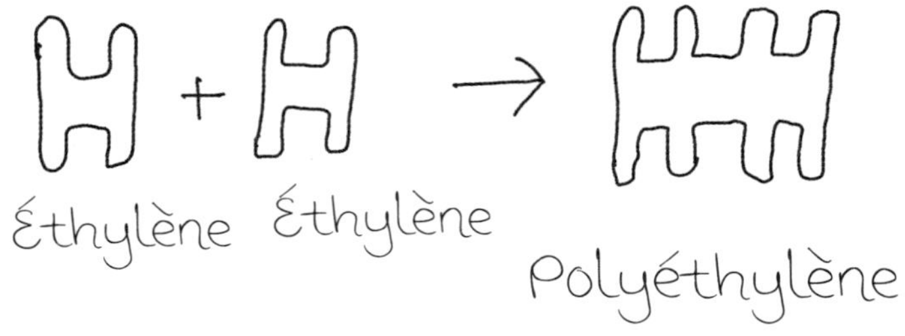

Quand Gibson et Fawcett retournèrent au labo le lundi matin, ils découvrirent la chambre de réaction complètement bouchée par une substance blanche incrustée partout. Maudissant la valve fuyarde, ils voulurent nettoyer tout ça, mais ce fut presque impossible. La substance était si élastique et si résistante qu'elle en devenait impossible à gratter.

Fawcett a rapporté leur découverte lors d'une conférence sur la chimie des polymères un peu plus tard cette année-là, mais personne ne l'a cru, pas même le chimiste détenteur du prix Nobel et spécialiste des polymères Hermann Staudinger. Il était tout simplement impossible que Fawcett et Gibson soient parvenus à polymériser l'éthylène. Et puis d'ailleurs quand bien même y seraient-ils parvenus, à quoi cela aurait-il bien pu servir ?

Il fallut encore deux ans pour que la découverte de Fawcett et Gibson soit prise au sérieux. Quand la Seconde Guerre mondiale éclata, leur plastique était employé pour la fabrication des radars. Avant cela, les installations complètes pour un radar étaient très lourdes et encombrantes, ce qui les rendait compliquées à installer dans un avion de chasse. Mais l'invention du polyéthylène fournissait un isolant léger qui permit aux Britanniques d'équiper l'Air Force d'appareils radar capables de repérer les U-Boats nazis.

* Les molécules d'oxygène, quand on les chauffe sous pression, se scindent en atomes instables qu'on appelle des radicaux libres. Ces radicaux libres attaquent la double liaison d'une molécule d'éthylène et la brisent, ce qui provoque des réactions entre les molécules d'éthylène.

Cela conférait aux Alliés un avantage décisif, au point que le commandant en second de Hitler, ainsi que son successeur sur une courte période, Karl Dönitz, s'était plaint que les radars britanniques risquaient de provoquer la défaite allemande[28]. Peut-être valait-il mieux, après tout, qu'Hermann Staudinger n'ait pas pris trop au sérieux cette histoire de polyéthylène...

Solide glissant

Un phénomène très semblable survient quand on remplace les atomes d'hydrogène par des atomes de fluor, comme l'a découvert par accident Roy Plunkett, un chimiste américain, en 1938. Plunkett travaillait avec du tétrafluoroéthylène (TFE), une molécule constituée de deux atomes de carbone et quatre atomes de fluor dans la même position que l'hydrogène pour l'éthylène.

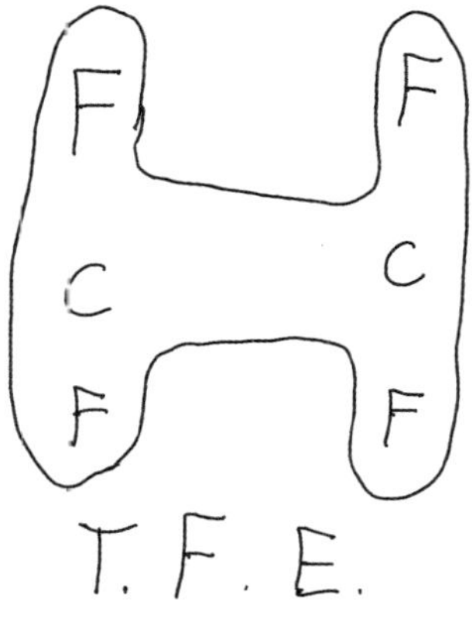

Plunkett recueillait du TFE sous forme gazeuse dans un cylindre de fer, qu'il plaçait ensuite sous pression. Il s'agissait en réalité d'une expérience où seul le TFE comptait, il était chargé de transporter la chaleur en bouffées brèves. Or, la manière la plus simple de produire ce genre de bouffées de TFE est de le mettre sous pression et de le relâcher par une petite ouverture, un peu comme quand on perce un ballon avec une épingle. Le TFE était censé jouer le rôle du refroidisseur, mais quand Plunkett et son assistant Jack Rebok relièrent la pompe à TFE à leur expérience, rien n'en sortit.

Ils pensèrent au début que la pompe s'était vidée, mais Plunkett la pesa et constata que ce n'était pas le cas. La balance indiquait que le cylindre était toujours plein. Pourtant, son contenu ne voulait pas sortir. Le TFE était donc toujours là, mais plus sous forme gazeuse.

Soucieux de percer cette énigme, Plunkett prit une scie et coupa le cylindre en deux pour découvrir l'intérieur recouvert d'une cire blanche. Il se trouve que le fer réagit avec le TFE et provoque le même genre de réaction en chaîne que celle qui produit le polyéthylène. Plunkett avait ainsi créé par accident un nouveau polymère, le polyfluoroéthylène, ou PTFE[29].

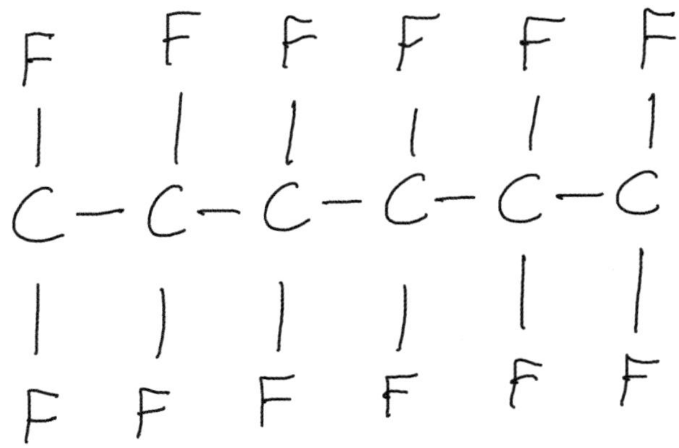

Ce nouveau polymère était semblable au polyéthylène, à une importante différence près. Il était extrêmement glissant. L'employeur de Plunkett, DuPont, le baptisa Teflon, et cela resta à l'état de blague pendant un moment pour une raison évidente : si on veut rendre une surface glissante en lui ajoutant du Teflon, comment pourrait-on coller le Teflon sur celle-ci, gros malin ?

C'est l'ingénieur français Marc Grégoire qui apporta la réponse. Sa femme Colette s'énervait beaucoup contre ses casseroles qui attachaient. Elle lui avait demandé de se débrouiller pour enduire ses poêles de Teflon, et Grégoire s'était mis au travail[30]. La solution à laquelle il était parvenu après de nombreux essais était d'utiliser les mêmes petites forces de London que celles qui permettent au Post-it de coller.

Comme toutes les matières ont une légère affinité entre elles, Grégoire eut l'idée de sabler la surface des poêles pour les rendre plus rugueuses. Le Teflon était ensuite versé dans ces tout petits trous et restait en place en raison de l'augmentation de la surface de contact.

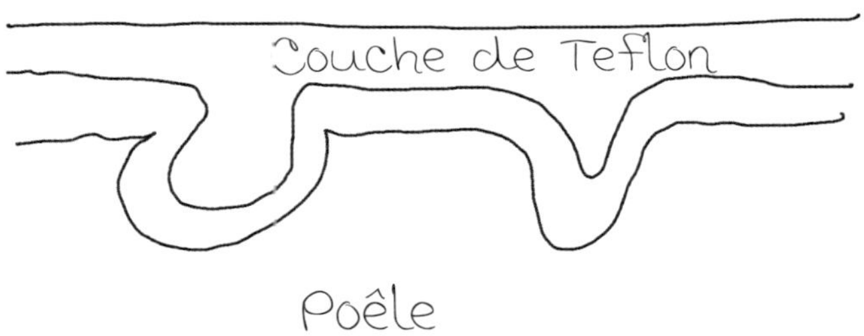

Comme la couche de Teflon ne tient à la poêle que faiblement, sans y être chimiquement lié, c'est un collage très précaire. C'est pourquoi il ne faut pas gratter le Teflon d'une poêle ni utiliser d'ustensiles en métal dessus : vous l'arracheriez.

Pris pour un pigeon

En 1964, Robert Wilson et Arno Penzias reçurent l'autorisation d'utiliser le nouvel appareil conçu au Bell Telephone Laboratory, le Big Horn, une antenne de quinze mètres en forme de cône installée dans le New Jersey capable de capter les émissions d'énergie des étoiles. Les étoiles émettent beaucoup de lumière visible évidemment, mais leurs émissions de basse énergie nous sont plus utiles car elles traversent l'atmosphère sans difficulté, sans interagir avec ses molécules.

Wilson et Penzias s'intéressaient surtout à l'énergie qu'émettaient les étoiles de la Voie lactée, mais, quand ils commencèrent à éplucher les résultats, ils constatèrent un problème, une interférence énorme, sous la forme d'un signal étrange à 160,2 GHz.

Les étoiles émettent d'habitude de l'énergie autour de 2,7 GHz, ce n'était donc pas du tout le genre de valeur à laquelle ils s'attendaient. Par ailleurs, l'intensité du signal était bien plus faible que ce qu'émettent les étoiles d'habitude. Les étoiles de la Voie lactée sont « proches » de nous (cosmiquement parlant, ça reste tout de même une galaxie de cent mille années-lumière de long). Mais ce signal-là était si faible qu'il paraissait provenir d'une source aux confins de l'Univers.

C'était comme écouter une musique habituellement pleine de basses très présentes et de repérer soudain, loin dans le mix, un gémissement très aigu. Quelque chose de bien plus haut en énergie, mais bien plus bas en intensité, qui interférait avec leurs résultats.

Au début, Penzias et Wilson se sont demandé si la ville de New York, toute proche, ne brouillait pas leurs instruments. Il y a plein de lumières électriques en ville, peut-être que ce spectacle nocturne permanent était le coupable ? Mais cela n'expliquait pas la provenance apparemment très lointaine du signal. Ni pourquoi Penzias et Wilson repéraient ce signal quelle que soit la direction dans laquelle ils pointaient l'antenne. Droit vers le ciel, d'un horizon à l'autre et même au travers de la Terre. La conclusion évidente, c'était que quelque chose clochait dans le Big Horn.

Ils sont allés inspecter l'antenne et ont immédiatement repéré les coupables. Deux pigeons s'étaient installés là et y avaient déposé sans retenue d'épaisses couches de fientes blanches un peu partout.

Penzias et Wilson capturèrent donc les pigeons et les envoyèrent à un collectionneur lointain. Malheureusement, il s'agissait de pigeons voyageurs, qui retournèrent bien vite à leurs habitudes de pigeons.

Penzias et Wilson prirent donc la seule solution logique qui s'imposait à eux. Ils tuèrent les pigeons[31].

Toutefois, à leur grande surprise (et, je l'espère, à leur plus grand regret), même une fois toutes les fientes nettoyées, l'interférence était toujours là. Très frustré de cette situation, Penzias s'en plaignit au téléphone avec son ami Robert Dicke de Princeton. Et comme Dicke gardait le silence, Penzias comprit qu'il se passait quelque chose d'important.

Robert Wilson et Arno Penzias devant l'antenne Big Horn en 1962.

Il y avait à cette époque un grand débat en cosmologie concernant les origines de l'Univers. Selon l'un des camps en présence, les tenants de l'hypothèse de l'état stable, l'Univers avait toujours été à peu près ce qu'il est, il n'avait jamais existé de moment particulier dans le passé où les lois de la physique seraient soudain entrées en action et auraient pris leur forme actuelle. Toutes les propriétés de base de l'énergie, de la matière, de l'espace et du temps étaient stables et éternelles.

Dans l'autre coin du ring se trouvaient les tenants de l'hypothèse bien plus radicale du Big Bang, selon laquelle voici des milliards d'années l'Univers serait passé par un gigantesque bouleversement au cours duquel les propriétés « commencèrent ». Tout était condensé en un seul point, incroyablement petit, qui, pour des raisons inconnues, se serait mis à grandir.

Cette idée avait été proposée par Georges Lemaître, prêtre et physicien belge, et soutenue par le pape Pie XII (qui ne l'avait pas tout à fait bien comprise et pensait qu'elle sous-entendait un point de départ pour la création et requérait ainsi une cause divine[32]), mais tous les physiciens un tant soit peu sérieux la jugeaient risible, même Einstein. Le « Big Bang » était d'ailleurs le nom que lui avait donné l'un de ses principaux adversaires, Fred Hoyle, pour se moquer d'elle. Selon lui, l'idée d'un Univers qui venait soudain à l'existence comme une fille jaillissant d'un gâteau d'anniversaire dans un « gros boum » était ridicule[33].

Soyons clairs : l'hypothèse du Big Bang ne présuppose pas que l'Univers ait explosé dans un gros boum. Il n'y avait pas d'air, donc il n'y aurait pas eu de bruit, et c'était une toute petite expansion au départ… Mais « l'hypothèse de l'expansion minuscule », ça ne sonne pas aussi bien.

Le Big Bang dit seulement que, si vous remontez le temps, vous arrivez à un point où l'Univers était si petit, si dense et si chaud que la physique que nous connaissons n'y a plus aucun sens.

Robert Dicke était un partisan du Big Bang, alors le camp nettement minoritaire. Lui et d'autres avaient conjecturé que, si le Big Bang était vrai, une partie du mécanisme d'expansion de l'Univers impliquait une période de refroidissement environ 380 000 ans après l'expansion initiale. Durant ce refroidissement, les particules débordant d'énergie auraient commencé à s'attirer les unes les autres et à perdre cette énergie, ce qui pourrait être détecté aujourd'hui encore. Ce serait un signal faible, qui paraîtrait provenir d'une très grande distance, et qu'on capterait dans toutes les directions à la fois, comme un acouphène dans l'oreille de l'Univers[34].

Si le Big Bang était réel, il serait donc possible de découvrir ce signal énergétique dans toutes les directions, constamment bien que faiblement. Dicke et son équipe étaient justement en train de mettre au point un appareil qui, espéraient-ils, pourrait le détecter, mais Penzias et Wilson étaient tombés dessus complètement par hasard en confondant l'origine de l'Univers et une fiente de pigeon.

Une étude douteuse bien qu'attendue comme le messie

En 1959, le psychologue polono-américain Milton Rokeach a eu une idée. Que se passerait-il si on plaçait dans la même pièce un groupe de personnes toutes persuadées d'être Jésus Christ ?

Cela pourrait être vu comme une forme cruelle d'expérimentation sur des humains, mais l'espoir de Rokeach était de libérer les schizophrènes de leurs fantasmagories. Il avait lu un mémoire de Robert Lindner dans lequel deux femmes, chacune persuadée d'être la Vierge Marie, se rencontraient sur la pelouse de l'hôpital. Peu après cette rencontre, l'une des femmes jugea qu'il ne pouvait y avoir qu'une Vierge Marie et en conclut qu'elle n'était finalement peut-être pas la mère de Dieu. Apparemment, elle était guérie[35].

Que cette histoire des deux Marie soit vraie ou non (elle est censée se passer au Maryland, évidemment), Rokeach voulait savoir si une telle approche marcherait dans le cas des schizophrènes. Il se mit à chercher des patients atteints de ce genre de trouble de la personnalité et, à l'hôpital Ypsilanti, il en rencontra trois, tous persuadés d'être Jésus Christ.

Avec l'aide de deux étudiants de maîtrise, Ronald Hoppe et Richard « Dick » Bonier, Rokeach s'est arrangé pour qu'on lui amène trois Jésus dans l'aile D-23, où il administrerait sa thérapie peu conventionnelle dans l'espoir de briser leur cycle de croyances.

Les trois hommes étaient très différents. Leon Gabor, 38 ans, d'une famille où la schizophrénie était déjà présente, avait été élevé par sa mère très religieuse. Il avait décidé enfant qu'il était Jésus Christ et avait alors insisté pour que sa mère le vénère. C'est là qu'il avait été placé en hôpital psychiatrique. Joseph Cassell, 58 ans, avait été écrivain avant sa crise schizophrénique qui avait eu lieu vingt ans auparavant et l'avait laissé avec cette croyance d'être Jésus. Clyde Benson, 70 ans, souffrait de démence sénile et des affres de toute une vie d'alcoolisme. Il n'avait décidé qu'il était Jésus que dans ses vieilles années.

Le 1er juillet 1959, Rokeach a effectué les présentations. Il espérait en guérir au moins deux, mais cela ne s'est pas bien passé. Ils se sont rapidement disputés pour savoir lequel était le vrai Jésus, dès que Leon Gabor avait affirmé que son certificat de naissance le prouvait.

Après ce début raté, Rokeach était tout de même bien décidé à poursuivre. Il demanda aux étudiants d'assigner aux trois hommes des chambres contiguës et de les encourager à socialiser. Cependant, plutôt que de les observer lui-même, Rokeach chargea encore les étudiants de noter les faits et gestes des trois Jésus onze heures par jour. Pendant deux ans. Le coup classique du prof.

Après quelques semaines passées à se disputer, les trois Jésus en vinrent aux mains, mais le recours à la violence ne prouva rien. Le Jésus de la Bible s'est lui-même fâché en plusieurs occasions (Matthieu 16.23, Matthieu 23, Marc 11.12-14 et Jean 2.13-22), il est difficile de prédire la réponse qu'il aurait eue face à des imposteurs clamant son identité. Le récit biblique nous indique bien que Jésus croyait être le fils de Dieu (Luc 2.49 et Jean 8.23), mais il n'existe aucune trace de sa réponse à quelqu'un qui lui aurait affirmé « Non, c'est moi ».

L'expérience était un échec complet, parce qu'il est impossible de guérir des gens de la schizophrénie en les exposant aux fantasmagories contradictoires des autres. Malheureusement, Rokeach n'était pas satisfait de cette issue. Il décida de manipuler la situation de manière plus cruelle et plus troublante encore sur le plan éthique.

Il embaucha une assistante, Mary Lou Anderson, afin qu'elle flirte avec Leon Gabor (parmi les trois, le plus lucide et celui qui parlait le mieux). Rokeach voulait voir si Leon pouvait tomber amoureux d'elle et être ensuite persuadé d'abandonner sa croyance illusoire, autrement dit : pouvait-il consciemment choisir de revenir à la raison si une femme qu'il aimait le lui demandait ?

Tragiquement, Leon développa en effet des sentiments pour Mary Lou, comme Rokeach l'avait espéré, mais il fut incapable d'abandonner sa foi en lui-même en tant que Jésus. Cela semblait prouver qu'il est impossible de se débarrasser de ses idées délirantes même avec une raison évidente de le faire. Les schizophrènes ne contrôlent pas plus leurs croyances que les non schizophrènes.

Rokeach finit par montrer aux trois Jésus un article de journal sur l'expérience, pour voir ce qu'ils en tireraient. Joe et Clyde trouvèrent l'article amusant et jugèrent que ces trois types étaient « complètement dingues », mais Leon se rendit compte que l'article parlait de lui et ses camarades. Il devint furieux et fut très déçu de Rokeach pour ce qu'il considérait, on peut le comprendre, comme une trahison.

Quelque chose de remarquable se produisit alors. Chacun des trois Jésus se mit à croire, indépendamment, que les deux autres étaient malades et qu'il serait gentil de faire comme si on les croyait. Chacun continuait de croire qu'il était le vrai Jésus, mais tous avaient conclu, par compassion, que les deux autres pouvaient bien croire ce qu'ils voulaient.

Ce résultat était inattendu, car la sagesse populaire voulait alors que les schizophrènes soient incapables d'empathie. La schizophrénie et la psychopathie étaient la même maladie, dans l'état des connaissances de l'époque. L'expérience de Rokeach commençait à montrer le contraire. De fait, les mois passant, les trois Jésus développèrent une amitié. Ils se mirent à passer volontairement du temps ensemble et se soutenaient même les uns les autres en cas de dispute avec d'autres patients. Aucun n'était soigné, mais ils cessèrent d'évoquer leurs idées délirantes autour de ceux qui risquaient d'en prendre ombrage.

Cette expérience, quoi qu'on en pense d'un point de vue moral, a bel et bien prouvé que la schizophrénie n'était ni un choix ni un trouble qu'on pouvait être persuadé d'abandonner. Ce n'est pas non plus la même chose que la psychopathie. Les schizophrènes violents ne manquent pas de compassion, ils ne voient pas le monde objectivement. Les schizophrènes ne contrôlent pas leurs croyances, mais ils peuvent contrôler leur manière de les exprimer.

Avec le temps, les étudiants de maîtrise Ron et Dick commencèrent à s'opposer à Rokeach et l'accusèrent de soumettre à des expériences cruelles trois individus auxquels ils avaient fini par s'attacher. Ils démissionnèrent quand Rokeach refusa de mettre un terme à l'expérience, mais, trente ans plus tard, Rokeach évoqua cet essai dans ses mémoires et exprima de profonds regrets. Il admit que, si les trois hommes n'avaient pas été guéris de leur délire spirituel, lui l'avait été du sien, de sa croyance en un droit quasi divin de mettre sens dessus dessous la vie des gens[36].

PARTIE 3

SURPR SES

I

« La surprise est le plus grand cadeau
que la vie peut nous offrir. »

BORIS PASTERNAK

« Nous avons découvert que le monde est très surprenant. »

JOHN POLKINGHORNE

« Surpriiiiiiise ! »

LOKI, DIEU DE LA MALICE

Le renard et le corps beau

L'évolution darwinienne est la pierre angulaire de toute biologie qui se respecte, mais comme les phénomènes qu'elle décrit s'étirent sur des millions d'années, il est impossible de mener des expériences visant à déterminer pourquoi tel caractère particulier s'est trouvé favorisé, si bien qu'il nous faut souvent nous contenter de spéculations. Sans parler de la minorité significative de non-scientifiques qui n'acceptent même pas l'existence de l'évolution darwinienne.

La plupart du temps, ces débats sont arbitraires. Toutefois, pendant les années 1950, la position du biologiste Trofim Lyssenko eut un effet dévastateur sur l'économie russe. Celui-ci soutenait en effet l'hypothèse discréditée qui faisait des caractères héréditaires le résultat de l'environnement plutôt que de mutations dans l'ADN.

Pour être tout à fait juste, il faut préciser que certains caractères peuvent être « transmis » par l'environnement, si l'on considère « transmis » dans un sens très large. Le stress important d'une mère pendant sa grossesse pourra affecter le développement *in utero* du cerveau de sa fille, par exemple. L'enfant en question aura plus de chance de devenir une adulte présentant des troubles de l'anxiété issus de son environnement prénatal… qu'elle transmettra à sa fille à son tour, et ainsi de suite. C'est étudié dans une branche des sciences appelée l'épigénétique, qui explore l'impact de l'environnement sur l'expression des gènes. Mais il ne faut pas s'y tromper : ce sont toujours les gènes qui mènent la danse. L'environnement peut déterminer comment un brin d'ADN sera décodé, mais l'ADN lui-même ne change qu'au cours de mutations darwiniennes.

Lyssenko croyait, lui, qu'il était possible de contrôler les caractères dont hériterait un enfant en modifiant la vie de ses parents.

Par exemple, en coupant la queue d'une souris, on augmenterait les chances de la voir engendrer des souriceaux sans queue. Aucune preuve n'existe en soutien à cette idée, mais elle engrangea tout de même beaucoup d'influence sous la dictature stalinienne.

On peut trouver plusieurs explications à ces croyances. Lyssenko était né dans une famille de paysans, et l'idée d'un enfant pauvre qui se serait élevé intellectuellement jusqu'à sauver l'agriculture russe fonctionnait bien avec la doctrine marxiste de la révolte des travailleurs contre la bourgeoisie. Les croyances de Lyssenko résonnaient aussi avec l'impulsion stalinienne du reformatage des gens par le contrôle social. À moins que ce soit tout simplement parce que Staline aimait bien l'idée et qu'il comprenait mieux l'approche de Lyssenko que l'évolution[1].

Dans tous les cas, la vision d'une évolution dirigée par l'hérédité génétique fut finalement bannie d'URSS, au point que les scientifiques pro-darwiniens pouvaient être arrêtés s'ils défendaient les idées bourgeoises de la génétique.

Dmitri Beliaïev comptait parmi ces scientifiques qui avaient perdu leur poste en raison de tendances darwiniennes. La censure de l'information en place dans son pays l'horrifiait, il avait donc décidé de prouver que non seulement l'évolution darwinienne était réelle, mais qu'elle fonctionnait par sélection et mutations génétiques.

Il fit équipe avec l'éthologue Lyudmila Trut et, ensemble, ils conçurent une expérience très simple et pourtant géniale. Ils allaient capturer des renards argentés, les placer en environnement contrôlé et ne permettre qu'à certains d'entre eux de se reproduire. Si Darwin avait raison, le caractère qu'ils auraient choisi d'isoler deviendrait dominant chez les renardeaux, ce qui prouverait que c'est bien la génétique qui conduit à l'évolution. Et, pour montrer la pleine extension du territoire du darwinisme, ils choisirent un caractère comportemental plutôt que physique : la gentillesse.

Leur expérience débuta en 1952 quand Trut captura cent trente renards argentés et installa une ferme d'élevage en Estonie. Les renards étaient le plus possible coupés de toute interaction humaine pour éviter d'être apprivoisés par accident. Ils étaient uniquement observés à distance pour en mesurer la gentillesse. Les renards qui avaient tenté de mordre Trut et Beliaïev les rares fois où ils s'en étaient approchés n'étaient pas autorisés à se reproduire, leurs congénères jugés plus amicaux l'étaient.

Les rejetons de la première génération passèrent ensuite par le même filtre qui sélectionnait la douceur de leur caractère, et ainsi de suite. Si Darwin avait raison, cette douceur deviendrait un trait de caractère inhérent aux renards, qui deviendraient naturellement des animaux « apprivoisés » sans passer par un entraînement lié à leur environnement.

L'expérience réussit parfaitement. Les renards argentés devinrent doux et faciles à approcher en dix générations tout juste. Trut et Beliaïev avaient montré que l'évolution fonctionne par le truchement des gènes, de même que les comportements pouvaient être sélectionnés par des mécanismes environnementaux. Mais cela ne faisait que confirmer ce que tous les biologistes raisonnables savaient déjà. La découverte réellement remarquable, c'est ce qui est arrivé aux renards ensuite.

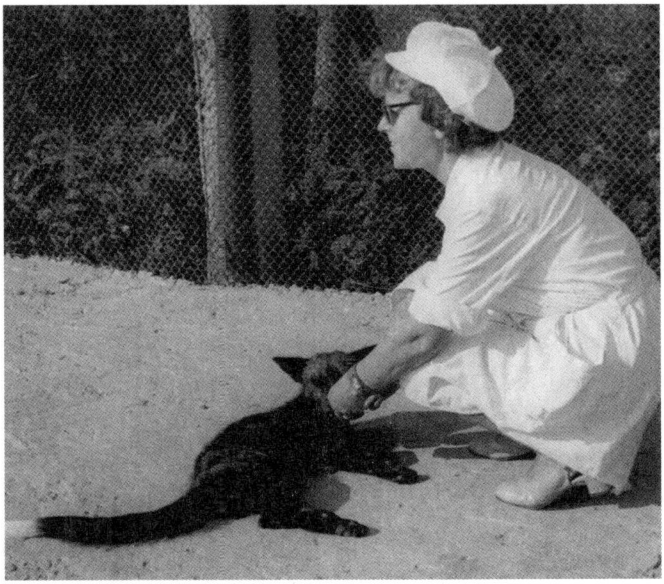

Lyudmila Trut avec un renard argenté domestiqué en 1974.

En 1969, Trut et Beliaïev étaient parvenus à faire naître un nouveau genre de renards, dont la spécificité n'était pas que comportementale, mais aussi anatomique. En à peine dix-sept ans, la nouvelle génération de renards avait les oreilles plus tombantes, la queue plus courbée et le museau plus rond. Leurs pattes étaient plus trapues et leur robe plus tachetée. Même leurs glandes surrénales avaient diminué de volume.

Sans le vouloir, Trut et Beliaïev avaient transformé des renards argentés en animaux partageant des caractères communs (et donc des gènes communs) avec les chiens domestiques[2].

La première conclusion était évidente : l'évolution pouvait survenir extrêmement vite. S'il était possible de transformer un renard en quelque chose qui ressemblait étrangement à un chien en dix-sept ans à peine, il était raisonnable de penser qu'en quelques millions d'années les loups, les dingos, les renards, les chiens et les coyotes avaient bien pu tous diverger depuis une souche commune. Encore dix millions d'années et les canidés pouvaient bien diverger des ours, des pandas et des ratons laveurs. Et en l'espace de plusieurs milliards d'années, l'évolution darwinienne ne devenait plus seulement raisonnable : elle semblait inévitable.

La deuxième conclusion était que l'évolution peut, dans les bonnes conditions, faire des pas de géant plutôt que des sauts de puce. On trouvait dans la théorie de l'évolution des débuts l'idée d'une vitesse constante à laquelle un gène donné s'imposera sur ses rivaux.

Cette hypothèse appelée le « gradualisme » est souvent citée par les adversaires de l'évolution dans leurs objections à la théorie, parce qu'elle donne lieu à ce qui paraît être un contre-argument crédible. Il existe de nombreuses traces de « sauts évolutifs » parmi les fossiles connus, de périodes où des espèces connaissaient des changements très soudains apparemment venus de nulle part. Cela ne peut pas se produire naturellement, nous disent les adversaires de l'évolution, aussi la théorie doit-elle être fausse.

L'expérience de Trut et Beliaïev montraient toutefois que l'erreur se situait en réalité dans le gradualisme. Il était clairement possible que des changements majeurs surviennent en un temps très court, plus court que le « cours normal » de l'évolution. Cette nouvelle façon d'envisager l'évolution est appelée l'approche de l'équilibre ponctué. Elle montre bien que, dans des environnements inhabituels ou extrêmes, l'évolution accélère.

La troisième conclusion, peut-être la plus étrange, était que sélectionner un caractère dans une espèce entraînait des répercussions sur d'autres caractères apparemment sans lien avec le premier.

Darwin pensait à l'origine que tous les caractères d'un organisme étaient le résultat d'une adaptation utile dans le passé de l'espèce. L'évolution ne sélectionne pas de gène à moins qu'il soit utile, si bien que tous les caractères d'un animal devaient être d'une manière ou d'une autre l'héritage des rivalités génétiques qui les avaient précédés.

Voici comment cela pourrait fonctionner. Supposons que nous voulions expliquer pourquoi les hommes deviennent chauves avec l'âge. Il nous faudra forcément trouver l'avantage que leur confère la calvitie. Essayons. Avoir des cheveux sur la tête protège la peau des rayonnements solaires. Avec l'âge, les hommes deviennent moins attirants aux yeux des jeunes femmes et perdent la compétition face à leurs concurrents moins âgés, mais comme ils perdent leurs cheveux ils ont plus de chance d'avoir la peau endommagée par le soleil. Cela encouragera les femmes à éprouver pour eux de la compassion, ce qui mène à la création d'un lien d'affection et augmente donc la probabilité d'un rapport sexuel. Ça vous paraît tiré par les cheveux (sans jeu de mots) ? Eh bien, avant Trut et Beliaïev, il n'y avait pas d'alternative à cette façon de raisonner.

Leur expérience a considérablement amoindri cette vision « adaptationniste » de l'évolution. Il s'avère que l'évolution ne laisse pas nécessairement passer que les caractères utiles dans son filtre darwinien. Parfois, les caractères d'une créature sont des effets secondaires non sélectionnés.

Le corps humain contient au moins cent mille types différents de protéines, mais notre ADN ne contient que vingt mille gènes (celui d'une banane en contient trente-six mille). Il faut les couper, les combiner et les mélanger pour donner naissance à toute la complexité humaine, c'est pourquoi une mutation sur un gène entraînera des répercussions inattendues sur d'autres.

Par exemple, le gène récepteur des androgènes (RA) de l'humain est impliqué dans la production des spermatozoïdes et de la masse musculaire. Si le génome mute pour produire plus de spermatozoïdes, il donnera également des corps plus musclés. Mais le RA est aussi impliqué, par coïncidence, dans la pousse des cheveux. Une mutation sur ce gène pour produire plus de spermatozoïdes affectera donc aussi la pousse des cheveux. Autrement dit, la calvitie chez l'homme pourrait bien n'être pas un avantage du tout, simplement le prix que certains payent pour fabriquer plus de spermatozoïdes[3].

Dans l'expérience du renard argenté, les scientifiques ont sélectionné la gentillesse, mais le gène sous-jacent qu'ils sélectionnaient était aussi chargé de la croissance des os et de la fourrure. Trut et Beliaïev sont donc parvenus à montrer que :

- les gènes affectent le comportement ;
- l'évolution peut aller très vite ;
- l'évolution peut accélérer ou ralentir ;
- plusieurs caractères peuvent changer en même temps ;
- toutes les adaptations ne sont pas des avantages évolutifs.

Il s'agit peut-être de l'expérience la plus fertile de toute la biologie du XXe siècle (et aussi la plus mignonne).

Rats des villes

En 1947, John Calhoun demanda à son voisin s'il pouvait construire un enclos dans son jardin pour une expérience scientifique. Son voisin lui donna son accord sans bien savoir de quoi il retournait, car Calhoun se mit immédiatement à clôturer un espace de mille mètres carrés (quatre courts de tennis) pour y installer des femelles rats enceintes.

Ce qu'il cherchait à savoir, c'est si les rats étaient capables d'exercer un contrôle sur leur activité sexuelle. Physiquement, un enclos de cette taille pouvait contenir facilement cinq mille rats, mais que se passerait-il quand le nombre deviendrait trop grand ? Les rats sauraient-ils s'arrêter de copuler ?

En temps normal, une population est limitée par des facteurs comme l'eau et la nourriture, c'est pourquoi Calhoun décida de leur en donner en abondance afin que les rats puissent s'accoupler jusqu'à plus soif. Mais ils ne se sont pas fait avoir. Calhoun découvrit que la population des rats atteignit son plus haut avec cent cinquante individus et n'alla pas au-delà. D'une façon ou d'une autre, les rats sentirent qu'ils étaient trop tassés et, même s'ils disposaient de ressources alimentaires, l'espace limité fit chuter leurs pulsions sexuelles.

En 1954, Calhoun travaillait à l'Institut de santé mentale du Maryland où il décida de recréer son expérience passée, mais cette fois dans un enclos de trois mètres sur quatre, qu'il baptisa Rat Universe I. Cette fois encore, la population atteignit un plateau, elle arrêta de croître, comme si les rats savaient, collectivement, qu'ils augmentaient leur densité de population.

Pendant les deux décennies qui suivirent, Calhoun répéta son expérience avec quelques variations mineures, jusqu'à atteindre Rat Universe 24. Le résultat était le même à chaque fois : une population de rat plafonnera dans un espace clos, quelles que soient les ressources à disposition.

C'est pourquoi il décida de pousser l'expérience dans ses derniers retranchements avec Rat Universe 25 : il construisit une cité pour rongeurs (cette fois des souris, parce qu'elles sont plus petites), une métropole miniature de seize gratte-ciels d'un mètre cinquante de haut, pourvus d'appartements, d'une place publique pour y faire des rencontres, d'une température ambiante et d'un apport constant de nourriture, d'eau fraîche, du matériel pour les nids, et d'absolument aucune maladie. Souriville était une véritable utopie.

Au début, la population doubla tous les deux mois, un taux normal, jusqu'à ce qu'elle atteigne deux mille individus. Là, elle se mit à plafonner. C'était dorénavant un résultat attendu. Mais alors apparurent les changements. Des changements dérangeants.

La violence explosa chez les souris, suivie d'une période d'hypersexualité intense qui se transforma finalement en un état de perpétuelle apathie asexuelle, durant lequel la plupart des habitants cessèrent de s'accoupler.

Il était encore à peu près concevable que les souris aient senti venir la surpopulation et se soient mises à copuler comme des folles (peut-être habitées d'une pulsion de perpétuer leurs gènes avant que cesse toute activité sexuelle). Mais un autre phénomène se produisit, qui ne pouvait plus s'expliquer du tout : le taux de grossesse s'effondra. De façon colossale : un colosse de 96 %. Et ce n'était pas tout : les mères se mirent à attaquer leurs petits, et le cannibalisme devint un mode de vie tandis que Souriville sombrait dans le chaos dystopique et putride, un quotidien de misère, de cannibalisme et de regrets. En gros, on se serait cru à Leeds.

La majorité des souris de Calhoun finirent par se montrer dociles et sans émotion. Elles restaient assises sur la place publique comme des zombies en attendant que la nourriture arrive, au milieu des combats qui éclataient périodiquement.

Plus inquiétant encore, les plus gros mâles se taillaient de grands territoires dans les gratte-ciels, s'adjugeant plusieurs appartements qui constitueraient leur domaine. Ces souris chefs de gang gardaient aussi un harem de femelles sur les lieux, qui passaient leur temps à se prélasser, parfois à faire leur toilette, mais ne se déplaçant autrement que pour copuler avec le mâle dominant[4].

Des parallèles ont immédiatement été tirés avec les villes humaines. Apparemment, la surpopulation pouvait entraîner une rupture des comportements prosociaux, un accroissement de l'apathie, de la mortalité infantile, de la polygamie. À noter également : c'étaient les souris déjà dominantes avant le démarrage de l'expérience qui finissaient par adopter un comportement de gangster.

Ce que les expériences de Calhoun avaient montré, c'est que la surpopulation entraîne du stress, ce qui amplifie toute sorte de choses déplaisantes. Fourrez plein de créatures vivantes dans un volume réduit, vous n'obtiendrez jamais un équilibre utopique. Pour certains, ces expériences constituaient le douloureux présage de ce qu'il se passerait si l'on entassait la population humaine dans les villes. Pour d'autres, il n'y avait pas vraiment de parallèles à tirer avec notre société, car les gens ne sont pas des souris, pour le dire simplement.

Il est intéressant de comparer les expériences de Calhoun avec celles de Bruce Alexander, qui a mené des tests similaires afin d'étudier l'influence de l'environnement sur les comportements. En 1978, Alexander avait mené des essais dans lesquels les rats avaient le choix de consommer de l'eau coupée à la morphine ou de l'eau sucrée. Il avait placé un groupe de rongeurs dans les petites cages habituelles des rats de laboratoire, mais pour un autre groupe il avait lui aussi créé une utopie.

Il l'avait appelée Rat Park. Elle était conçue pour offrir non seulement toutes les nécessités, mais aussi le superflu. Il y avait de la nourriture, de l'eau, des lampes à chaleur, du matériel pour les nids, beaucoup d'espace (deux cents fois plus qu'une cage normale), des ballons pour jouer, des décorations au mur... Et Alexander avait découvert que les habitants de Rat Park développaient bien moins d'addictions à la morphine que les rats dans les cages standards.

Les rats sont régulièrement utilisés dans les études scientifiques, et cette expérience montrait justement que le simple fait de les mettre en cage provoquait des comportements atypiques[5]. Elle montra également au passage qu'il pouvait y avoir un lien entre comportements addictifs et environnement.

Araignées du soir

La schizophrénie est une maladie dévastatrice dans laquelle le patient se trouve incapable de démêler la réalité de la fiction et rencontre de grands troubles pour organiser l'information en séquences logiques. Sous sa forme la plus grave, elle affecte une personne sur trois cents et peut ôter toute autonomie quand elle n'est pas traitée.

Nous ignorons encore ce qui la provoque. L'essentiel de ce que nous savons à son propos provient d'une série d'expériences impliquant des drogues, des araignées et une quantité invraisemblable d'urine. Pas de chance, toute l'histoire tourne autour de trois scientifiques nommés respectivement Peter, Hans Peter et Hans-Peter, si bien qu'elle est parfois dure à suivre. La voici.

Le premier Peter, c'est Peter Witt, né en 1918. En 1944, il était le plus grand expert en drogues d'Allemagne. Après la guerre, il fut même recruté par l'armée américaine pour analyser le dossier médical de Hitler et déterminer s'il était sous l'influence d'une substance quelconque, voire de plusieurs, durant sa phase « bunker et suicide » (c'était le cas, plus d'une centaine par jour[6]).

La vie de Witt prit un tournant curieux quand Hans Peters, un collègue de l'université de Tübingen qui étudiait les araignées, le contacta. Hans Peters voulait observer des araignées tisser leur toile, mais il regrettait amèrement que ces ingrates le fassent toujours au beau milieu de la nuit. Il demanda à Witt s'il était possible d'administrer aux araignées des stimulants ou des somnifères pour réguler leur cycle sur un rythme compatible avec la lumière du jour. Witt émit l'idée de dissoudre les médicaments dans de l'eau sucrée dont se nourriraient les araignées et de voir ce qu'il se passerait.

Il tenta de leur faire avaler de la strychnine, de la morphine et des méthamphétamines, mais cela ne modifia pas leur cycle. Hans Peters restait condamné à se lever tôt. Cependant, un résultat inattendu éveilla la curiosité de Peter Witt. Quand les araignées étaient sous l'influence d'une drogue, la forme de leur toile changeait.

Il est d'ordinaire très compliqué de mesurer les effets d'une drogue, précisément parce que les animaux n'ont pas toujours des activités mathématiquement mesurables. Mais comme il est facile de quantifier les caractéristiques d'une toile, par exemple les angles, le nombre de croisements, la distance entre deux fils, etc., cela conférait à Witt une chance de mesurer numériquement l'influence de la drogue sur le système nerveux des araignées[7].

En 1952, il s'était installé au Centre de recherche sur la maladie mentale de Raleigh en Caroline du Nord, où il passa dix années à droguer des araignées orbitèles avec de la mescaline, des champignons magiques, de la cocaïne, de la caféine, du Valium, de la marijuana et du LSD. Il ne parvint pas à les saouler en revanche, car les araignées n'aimaient pas le goût de l'alcool.

Witt conclut que les araignées « adoraient les drogues », mais que cela altérait profondément leur capacité à tisser des toiles fonctionnelles[8]. On aurait pu croire qu'il s'agissait là d'un domaine de recherches parfaitement inutile jusqu'à ce que, complètement par hasard, ses travaux soient utilisés pour trancher un débat capital à propos des causes de la schizophrénie.

L'une des explications proposées à l'époque était que la maladie serait le résultat d'une molécule hallucinogène produite dans le cerveau. Autrement dit, une personne schizophrène produirait naturellement sa propre version interne du LSD.

Un spécialiste des drogues nommé Hans-Peter Rieder voulut alors savoir si l'on trouvait vraiment des substances hallucinogènes dans le corps des schizophrènes, et il employa pour ce faire la technique de Witt. Ce dernier avait montré qu'il était possible de détecter la présence d'hallucinogènes à la forme des toiles, aussi Hans-Peter collecta-t-il cinquante litres d'urine de schizophrènes qu'il donna à manger aux araignées afin de voir si leurs toiles en seraient modifiées.

Il découvrit que les araignées n'aimaient pas particulièrement le goût de l'urine humaine et que la structure de leur toile n'en était pas le moins du monde modifiée. Ainsi, la schizophrénie n'est pas causée par des hallucinogènes auto-générés[9].

Détails piquants

Quand une substance cause des dégâts à notre organisme, des détecteurs de douleur appelés les nocicepteurs envoient un signal au cerveau par les fibres nerveuses du groupe C (pour les douleurs sourdes et prolongées) ou par celles du groupe A (pour les douleurs aiguës, localisées). Beaucoup, pendant longtemps, ont essayé de classer la douleur quantitativement, et l'échelle de la douleur la plus utilisée de nos jours a été proposée accidentellement par un entomologiste américain appelé Justin Schmidt.

En 1984, avec ses collaborateurs Murray Blum et William Overal, Schmidt étudiait les hémolysines, des molécules présentes dans le venin des guêpes, des abeilles et des fourmis. Comme les hémolysines détruisent les cellules sanguines, Schmidt voulait savoir s'il existait une corrélation entre la quantité d'hémolysines présentes dans le venin d'un insecte et sa toxicité. Il découvrit qu'il n'y en avait pas, mais un autre détail de son article attira beaucoup l'attention. Au cours de ses multiples tentatives de traire ces insectes, Schmidt s'était beaucoup fait piquer et il avait remarqué que la douleur des piqûres était grossièrement uniforme au sein d'une même espèce. Toutes les piqûres reçues tombaient ainsi dans quatre larges catégories.

Il les avait notées sur une échelle de 0 à 4 qu'il avait incluse dans son article[10]. Voici l'index Schmidt de la douleur (de même que les descriptions qu'il faisait de chaque palier) :

- 0. Pas de douleur. L'aiguillon ne perce pas la peau (halictes, abeilles coucous, sapygidés) ;
- 1. Douleur légère, mineure, presque anecdotique, comparable à une décharge d'électricité statique modérée (fourmis de feu rouges, tropicales et méridionales) ;
- 2. Douloureux, comme d'éteindre un cigare sur la langue (abeilles européennes, fourmis de velours, fourmis noires tropicales, guêpes de l'ouest) ;

- 3. Très douloureux, douleur aiguë, comme une tapette à souris qui se referme sur un ongle (polistes, fourmis tueuses de vache, fourmis récolteuses) ;
- 4. Douleur traumatique.

La seule créature à mériter un score de 4 sur l'index Schmidt était alors *Paraponera clavata*, la fourmi balle de fusil d'Amérique du Sud. La douleur que lui avait provoquée sa piqûre était « pure, intense, aveuglante, comme de marcher sur un lit de charbons ardents avec un clou de 10 cm enfoncé dans le talon[11] ». Elle avait duré quatre heures sans interruption avant de tomber au stade « extrêmement douloureux » pour encore vingt-quatre heures durant lesquelles Schmidt souffrit d'engourdissements, de tremblements, d'hallucinations et commença à déféquer du sang.

L'index Schmidt était très simple, et c'était là sa force. D'autres échelles de la douleur existaient déjà, mais leur trop grande précision les rendait problématiques. Comment distinguer une douleur de 3,4 d'une douleur de 3,5, par exemple ?

L'index Schmidt simplifiait le problème en le divisant en quatre catégories faciles à identifier sur lesquelles tout le monde tombait d'accord. Les mesures précises de la douleur diffèrent d'une personne à l'autre, mais tout le monde ressent grossièrement la douleur selon ces quatre modalités. L'index de Schmidt fonctionnait bien et, l'année suivante, un scientifique nommé Christopher Starr proposa une méthode pour normaliser son utilisation.

D'abord, « les rapports ne doivent être rédigés que par des observateurs adultes en bonne santé ». Ensuite, « une notation ne doit jamais se fonder que sur une seule piqûre ». Enfin, le plus important : « Pour les rapports, les piqûres infligées lors d'attaques libres de l'insecte doivent être privilégiées, plutôt que celles qu'on a délibérément provoquées », même s'il admettait que « nous n'avons pas toujours la chance d'être attaqués par les espèces qui nous intéressent le plus », si bien qu'une piqûre exige parfois qu'on la force[12].

Depuis qu'il a inventé l'échelle, Schmidt n'a rencontré que quatre espèces en tout méritant la note 4 : la guêpe guerrière (qui le piqua au front), deux espèces de guêpes pepsis (*Pepsis grossa* et *Pepsis thisbe*, qui le piquèrent plusieurs fois) et la fourmi balle de fusil, qu'il considère toujours comme la pire de toute.

Les fourmis balles de fusil sont employées dans les rituels de passage à l'âge adulte de la tribu des Sateré-Mawé, dans la forêt amazonienne brésilienne. Le jeune homme doit mettre ses mains dans un gant où des fourmis sont cousues dans la doublure, leurs dards vers l'intérieur. Il faudra qu'il porte le gant pendant cinq minutes, au-dessus de sa tête et qu'il répète vingt fois ce rituel avant d'être considéré comme mature.

Schmidt a catégorisé plus de quatre-vingt-seize espèces d'insectes ainsi, selon leur piqûre, et a subi ainsi plus de mille blessures, qu'il a cataloguées dans son livre *The Sting of the Wild* [« La piqûre du monde sauvage », non traduit en français, NdT[13]]. Heureusement, la plupart de ces piqûres ont eu lieu « dans la nature », mais « dans certaines circonstances exceptionnelles, quand il était impossible de recevoir une piqûre normale, des piqûres intentionnelles ont été infligées en forçant l'insecte à piquer le côté de l'avant-bras[14] ».

Décharge

Les câbles qu'emploie notre corps pour transmettre au cerveau les informations sensorielles sont appelés neurones. Les neurones s'utilisent aussi dans l'autre sens, afin d'envoyer des signaux depuis le cerveau (lui-même composé de neurones) jusqu'aux muscles afin de provoquer le mouvement. La découverte que tous les mouvements du corps sont produits par des signaux électriques qui parcourent notre chair a été faite par accident dans les années 1790 par le physicien italien Luigi Galvani.

Galvani, pour des raisons qu'il est préférable de ne pas trop creuser, suspendait des cuisses de grenouille à des crochets de bronze qu'il accrochait à un rail en fer dans son jardin pour voir ce qui se passerait quand la foudre frapperait. (Les années 1790 étaient une époque très excitante.)

Galvani et son assistant travaillaient avec un scalpel qui avait accumulé une charge électrique à la suite d'une autre expérience, cette fois avec une bouteille de Leyde (une version primitive du taser). Alors qu'il tenait le scalpel à la main, l'assistant de Galvani toucha par mégarde le rail de fer où pendaient les cuisses de grenouille et ils découvrirent, avec bonheur, qu'elles s'agitèrent soudain[15].

Ce n'était pas l'effet de l'éclair et, plus important encore, la charge électrique n'avait pas directement touché les membres des amphibiens. Apparemment, une décharge électrique dans le rail s'était transmise aux crochets, permettant au courant de passer jusque dans les cuisses et de les animer à distance.

Ce qu'avait découvert l'assistant de Galvani, c'est que les spasmes musculaires électriquement induits n'étaient pas un simple effet secondaire de la foudre, c'était la méthode même que le corps employait pour produire le mouvement. Galvani soumit alors l'idée d'un fluide que les muscles contiendraient et qui se déplacerait au travers d'eux (il l'appela l'électricité animale). Il avait tort, mais il allait dans la bonne direction. Grâce au travail d'un autre grand chercheur italien, Alessandro Volta, l'explication correcte viendra quelques années plus tard.

La tête d'un neurone est pleine d'eau salée. Des trous dans sa membrane, qui s'ouvrent ou qui se ferment, permettent d'en modifier la concentration. Comme les particules de sel ont de minuscules charges électriques, le changement de concentration provoquera des déséquilibres de charge de chaque côté de la membrane du neurone. Ce déséquilibre électrique entre deux endroits est appelé la « tension ». La tension du neurone est ainsi contrôlée par l'ajout ou le prélèvement de petites quantités d'eau salée, et cette tension, ensuite transmise le long du neurone, nous permet de contrôler le muscle désiré.

Un autre physicien italien nommé Giovanni Aldini a poussé plus loin la découverte de Galvani en 1803. Il a utilisé des décharges électriques pour animer le cadavre du meurtrier George Forster après son exécution. Aldini a ainsi montré que les humains, comme les grenouilles, devaient leur faculté de mouvement à l'électricité. Il n'y a rien de surnaturel dans cette faculté, c'est de la biophysique de base[16].

Ces expériences ont constitué un sujet de discussion très présent dans le cercle des amis du poète Lord Byron, qui incluait Mary Shelley[17]. En 1815, en vacances en Allemagne à quelques kilomètres du château Frankenstein dans le massif de l'Odenwald, Lord Byron a proposé à ce petit groupe un concours d'écriture. Il s'agissait de proposer une fiction horrifique autour de l'idée d'un corps réanimé au moyen de l'électricité. Comme de bien entendu, Shelley l'emporta.

Le compte n'est pas bon

Les scientifiques ont parfois des comportements obsessionnels. Le chimiste anglais John Dalton par exemple (celui qui a découvert le daltonisme à la fin du XVIIIe siècle) était obsédé par les émissions de gaz des marécages. Il allait tous les jours au marais du coin pour mesurer la régularité et la température des émissions. Dalton nota aussi scrupuleusement chaque jour la météo pendant quarante ans, nous léguant ainsi un ensemble de données météorologiques parmi les plus vieux et les plus complets[18].

Cependant, mon obsédé de chiffres préféré reste le brillamment nommé Santorio Santorio, qui vécut en Italie à la fin du XVIe siècle. Santorio était un ami de Galilée et un médecin très respecté de l'aristocratie vénitienne. Il est connu, entre autres, pour avoir inventé le sphygmoscope, l'anémomètre, le thermomètre et une autre invention moins universellement appréciée qu'il n'est possible de décrire qu'à l'aide de l'expression « balance à toilettes suspendues ».

Santorio avait en effet construit un ensemble de balances géantes qui ressemblaient un peu à des balançoires et avec lesquelles il se pesait très souvent. Il s'asseyait dans ces balances pour travailler, pour faire sa gymnastique, pour faire l'amour, pour manger et pour excréter. Et ce pendant trente ans (ce que je veux dire, c'est qu'il a tenu un journal compilant ces mesures pendant trente ans, pas qu'il est resté assis sur les toilettes pour la moitié de sa vie).

Gravure de Santorio Santorio dans une balance
(John Quincy, *Medicina statica : les aphorismes de Sanctorious*, 1718).

Santorio faisait surtout ça pour s'amuser (du moins je le suppose), mais, en étudiant les variations de son propre poids, il remarqua quelque chose d'intrigant : la masse de nourriture qui entrait dans son corps était toujours supérieure à la masse de ce qui en sortait. En fait, 63 % exactement de ce qu'il mangeait ne réapparaissaient jamais à l'autre bout, ce qui voulait dire que cette nourriture avait été absorbée d'une manière ou d'une autre. Grâce à l'attention fanatique qu'il accordait aux détails, Santorio nous a donné le premier indice inattendu du principe de la digestion et de l'incorporation[19]. Cependant, la découverte accidentelle et numérique la plus célèbre de l'histoire des sciences ne tournait pas autour de l'anus de Santorio, mais autour d'Uranus.

Sans mauvais jeu de mots

En 1821, l'astronome français Alexis Bouvard a publié un livre de cent dix pages au titre très accrocheur : *Tables astronomiques*. Qu'était-ce ? Pour le dire simplement, il s'agissait de cent dix pages de nombres à la chaîne qui prédisaient les positions des planètes du système solaire en s'appuyant sur les observations de Bouvard. Voilà. C'est tout. (Point de comparaison important : mon propre livre, *Magique Cosmos*, qu'on trouve dans toutes les bonnes librairies, comporte en plus des schémas rigolos et des références aux Pringles !)

Le livre de Bouvard commençait par vingt-huit pages d'introduction (dont dix-sept étaient encore des tables) qui présentaient sa méthode de calcul, avant qu'il se lance dans une suite ininterrompue de chiffres détaillant les orbites de Saturne, Jupiter et Uranus[20].

Il lui fallut treize ans pour écrire ce livre. On pourrait supposer que la plupart des gens, face à cet impressionnant résultat, haussèrent un sourcil avant d'acquiescer et de répondre poliment : « Oui, bien sûr Alexis, je le lirai dès que possible. » On se tromperait. Étonnamment, certains s'assirent à leur bureau et le lurent du début à la fin. Et même, ils ne s'arrêtèrent pas là : ils comparèrent les résultats aux leurs pour voir s'ils correspondaient bien. Et c'est grâce à ces comparaisons que Bouvard remarqua quelque chose d'étrange. Ses calculs de la position d'Uranus étaient faux.

Bouvard avait pris les lois de la gravité de Newton et les avait appliquées aux planètes extérieures afin de prédire leur position dans le ciel. Mais les calculs d'Uranus ne correspondaient pas aux observations. Elle n'était pas toujours là où les équations l'avaient placée, ce qui était passablement embarrassant. Passer plus d'une décennie à faire des calculs pour découvrir à la fin qu'on a oublié de retenir 1, c'est même un véritable cauchemar.

Après avoir vérifié, revérifié et rerevérifié, Bouvard trancha : il n'avait pas commis d'erreur. Il y avait une anomalie, mais elle n'était pas dans ses équations. C'était la planète qui avait un problème. En sciences, la règle est de jeter la théorie quand les données indiquent qu'elle cloche, ce qui se traduisait ici par deux voies possibles. Soit la théorie de la gravité de Newton était incorrecte (super improbable), soit quelque chose attirait Uranus hors de son orbite normale.

Bouvard se persuada donc qu'il existait une autre planète, plus loin, dont la gravité perturbait la course d'Uranus. On l'enterra ainsi, convaincu de l'existence d'une huitième planète et, tragique conclusion, à peine trois ans après sa mort, l'astronome allemand Johann Galle confirma l'existence de Neptune[21].

L'idée d'éplucher un livre de cent dix pages ne contenant que des chiffres peut paraître effrayante et pénible, mais rappelez-vous que le LHC du CERN, le *Large Hadron Collider*, produit un pétaoctet de données, soit l'équivalent de dix mille films en 4K, par seconde. Il n'existe aucun moyen d'analyser toute cette information, c'est pourquoi les ordinateurs du LHC en effacent simplement 99,996 %[22].

Il existe bien des algorithmes ingénieux qui tentent de trier les résultats intéressants là-dedans, mais il ne faut pas tourner autour du pot : nous ne verrons jamais que 0,004 % des données que recueille le LHC. Pourrait-il y avoir des découvertes qui se cachent dans ces données rejetées faute de temps? Absolument. Mais où les chercher exactement? Sur l'orbite d'Uranus?

L'arc-en-ciel de Newton

La plupart d'entre nous n'écrirons jamais de chef-d'œuvre. Isaac Newton en a écrit deux, lui, parce qu'il avait pris l'habitude tenace d'être le plus intelligent du monde tout le temps.

Le premier de ces *magni opera* (rien qu'écrire le pluriel de *magnum opus*, c'est déjà ridicule) fut publié en 1687 : les *Principia Mathematica*, qui définirent les lois du mouvement, de la gravitation et, finalement, de la physique même. Son deuxième *magnum opus*, publié en 1704, était l'*Optique*, qui mit à plat la physique de la lumière.

Dans ces pages, Newton livra la première explication juste et précise de l'origine des arcs-en-ciel, ce dont personne n'était même parvenu à s'approcher. On savait déjà qu'il était possible de transformer la lumière du soleil en un spectre en la faisant passer par un prisme, mais avant Newton on pensait que le prisme ajoutait des couleurs au rayon. Newton découvrit que c'était tout le contraire.

Il comprit que si un arc-en-ciel passait par un deuxième prisme, retourné celui-ci, on le retransformait en lumière blanche. Si le prisme ajoutait de la couleur au rayon, il n'y avait aucun moyen d'expliquer comment un deuxième prisme aurait pu les ôter. La vérité était ailleurs.

La physique des arcs-en-ciel est aussi compliquée que leur beauté, et je leur accorde pour cela une longue annexe (l'Annexe 1 p. 183), mais le point central est que les différentes couleurs sont toutes le résultat du même phénomène de base. La lumière rouge et la lumière violette ne sont pas de composition différente : ce sont simplement deux extrémités du même spectre de valeurs.

Isaac Newton présentant une expérience d'optique
à un public dans son laboratoire.

Newton opta pour une division de ce spectre en sept catégories, pour la seule raison que sept était selon lui un chiffre magique. Il ne paraît y avoir que six couleurs, pourtant : rouge, orange, jaune, vert, bleu et violet. Il inventa donc le terme « indico » (qui deviendra « indigo »), alors que, il ne faut pas se mentir, c'est juste du bleu foncé[23]. Newton ignorait toutefois de quoi la lumière est faite ; pour cela, il fallut attendre très longtemps, et encore huit accidents différents.

Premier accident

En 1820, le physicien conférencier (et frère du Premier ministre danois) Hans Œrsted devait présenter à son public les fabuleuses capacités d'un nouvel appareil qui émerveillait toute l'Europe : la pile. Alors qu'il se préparait à donner son discours, il posa une boussole sur son bureau à côté de la pile et constata, à son grand étonnement, que l'aiguille de la boussole n'indiquait plus le nord. Elle s'était positionnée parallèlement à la pile. Il venait de découvrir que les courants électriques génèrent un champ magnétique[24].

Quelques années plus tard, le scientifique britannique Michael Faraday faisait la découverte inverse : déplacer un champ magnétique près d'un câble électrique y générait un courant. La charge électrique et l'attraction magnétique étaient liées.

Deuxième accident

Le scientifique écossais James Clerk Maxwell, grand fan de Faraday, voulait établir une théorie unifiée du lien entre électricité et magnétisme.

En 1865, deux ans avant la mort de Faraday, Maxwell proposa l'existence d'un champ de force invisible tout autour de nous (sur le modèle de la gravité), qu'on pourrait agiter avec des aimants ou des particules chargées. Comme ces deux types d'objets ressentent ce champ en même temps, il devient impossible d'en affecter un sans affecter l'autre. Perturber le champ en y agitant un aimant revient à y créer une onde qui perturbera les charges électriques alentour, et vice versa.

Portrait de James Clerck Maxwell.

Maxwell utilisa les mesures d'Œrsted et de Faraday pour calculer la vitesse qu'adopterait une telle onde dans ce champ « électromagnétique », et il se trouva qu'elle était égale à celle de la lumière (trois cents millions de mètres par seconde). Sans l'avoir cherché, Maxwell avait découvert que la lumière est composée d'ondes dans le champ électromagnétique[25].

La plupart du temps, le champ électromagnétique est dormant, et nous ne nous apercevons même pas de sa présence tout autour de nous. Mais quand quelque chose le fait osciller, ses vibrations se répandent comme des rides à la surface de l'eau. Nos yeux perçoivent ces perturbations sous forme de lumière. Les différentes couleurs correspondent à la taille de ces rides, le rouge est une onde large dans le champ électromagnétique, tandis que le violet est une onde étroite. Ce qui entraîne une grande question : existe-t-il des ondes plus larges que le rouge ou plus étroites que le violet ? Des couleurs que nos yeux ne perçoivent pas ? Il se trouve que la réponse est oui.

Troisième accident

L'astronome britannique William Herschel (celui qui a découvert Uranus) voulait savoir quelle couleur contenait le plus de chaleur. C'est pourquoi, en 1800, il monta une expérience très simple : il allait diviser la lumière du soleil en ses différentes couleurs et placer un thermomètre sur le passage de chacune afin d'en mesurer la température. Et comme Herschel était un excellent technicien de laboratoire, il savait que ce serait une bonne idée de placer un huitième thermomètre sur le côté, pour avoir une mesure de base correspondant à la pièce.

Il plaça son huitième thermomètre à côté du rouge et attendit que les températures changent, mais les mesures trouvées n'avaient aucun sens. Les couleurs de la lumière paraissaient bien plus froides que la pièce elle-même. Le thermomètre à côté du rouge était le plus chaud de tous.

Herschel s'aperçut vite que c'était ce dernier thermomètre qui l'induisait en erreur en surévaluant de beaucoup la température de la pièce. Il le déplaça à d'autres endroits et obtint une mesure bien plus raisonnable. Mais à chaque fois qu'il le rapprochait du rayon rouge, sa température montait. Il venait de découvrir une nouvelle couleur qu'il appela l'infrarouge, « sous le rouge[26] ».

Quatrième et cinquième accidents

L'année suivante, le chimiste allemand Johann Ritter lut les travaux de Herschel et voulut mesurer l'effet opposé : un rayon refroidissant au-delà du violet. Son expérience échoua, le thermomètre n'enregistra aucune variation de température, mais au cours de l'expérience il constata que les plaques photographiques qu'il avait empilées derrière son thermomètre se développaient plus vite que d'ordinaire sous une lumière normale.

Il y avait bien apparemment une couleur au-delà du violet, mais elle interagissait avec les plaques photographiques plutôt qu'avec les thermomètres[27]. On l'appela finalement l'ultraviolet, « au-delà du violet ».

Afin de bien comprendre ce résultat étonnant, il nous faut savoir comment fonctionnent les plaques photographiques en premier lieu (elles aussi furent découvertes par accident). En 1717, le chimiste suisse Johann Schulze menait des expériences avec une solution de nitrate d'argent mélangée à de la craie. Un après-midi, il posa sans y penser la bouteille sur un rebord de fenêtre et, quand il la retrouva plus tard, son contenu avait intégralement viré au gris sombre à l'exception d'une fine ligne blanche bien visible dans le liquide.

Schulze regarda par la fenêtre et vit un fil à linge accroché selon exactement le même angle que cette ligne dans la bouteille. Après quelques expérimentations supplémentaires, Schulze découvrit que la lumière du soleil avait le pouvoir de transformer le nitrate d'argent en une poudre sombre, si bien que la craie non exposée était soudain bien visible dans la solution, par contraste. Le fil à linge avait protégé certaines parties de la bouteille de la lumière du soleil, et une partie de son contenu était ainsi restée blanche, comme une ombre inversée dans le liquide[28].

La chimie impliquée dans la bouteille était subtile. Le nitrate d'argent est composé de particules d'argent chargées qui flottent en présence de particules de nitrate de charge opposée. L'argent et le nitrate s'attirent, ce qui rend le tout stable, mais quand un rayon énergétique frappe les particules, il provoque un changement.

La lumière du soleil permet aux particules d'argent de perdre leur charge, si bien qu'elles se lient à présent les unes aux autres (voir l'Annexe 2 p. 189 pour plus de détails), ce qui forme une poudre d'argent solide. La poudre d'argent est grise. Quand on oriente un rayon de lumière énergétique sur le nitrate d'argent, il se forme donc un résidu sombre partout où le rayon passe.

Le scientifique français Joseph Niépce alla un cran plus loin en enduisant une planche d'une couche de nitrate d'argent liquide avant de la laisser sur le rebord de sa fenêtre dans l'espoir que le panorama s'y imprime. Son expérience fut couronnée de succès : il avait pris la première photographie de l'histoire, « Point de vue du Gras ». Ainsi, toute l'industrie photographique doit sa fortune au fait que Schulze avait oublié une bouteille au soleil.

Avance rapide jusque dans le laboratoire de Johann Ritter. À présent, son observation de la lumière ultraviolette est plus facile à comprendre. La lumière visible contient assez d'énergie pour ôter la charge des molécules de nitrate d'argent sur une plaque photographique, mais l'ultraviolet est plus énergétique encore, si bien que la réaction se produit plus vite.

Ritter avait fait une autre découverte importante : l'énergie de la lumière n'est pas aussi basique que « chaude d'un côté, froide de l'autre ». En réalité, la longueur de l'onde lumineuse doit correspondre à la taille des choses avec lesquelles elle interagit.

La longueur d'onde de l'infrarouge correspond à la taille des atomes et des molécules, ce qui signifie qu'ils vibreront quand une lumière infrarouge les éclaire. C'est ce que nous percevons sous forme de chaleur : la vibration des atomes et des molécules.

La lumière visible, en revanche, est d'une longueur d'onde trop courte, elle traverse les atomes sans les déranger. Bien qu'elle transporte plus d'énergie que l'infrarouge, ses rayons ne peuvent pas déplacer les atomes, parce qu'ils ne sont pas de la bonne taille. En revanche, ils interagissent bien avec quelque chose : les électrons qui se situent à l'extérieur des atomes*. Longueur d'onde plus courte = déplacement de choses plus petites.

Johann Ritter est également connu pour avoir mené des expériences avec des piles pour tester les effets de l'électrocution sur ses globes oculaires (cela provoque des hallucinations), son nez (cela fait éternuer) et finalement son pénis (cela cause un scandale). Ritter est même allé jusqu'à déclarer qu'il était tombé amoureux de sa pile et qu'il projetait de l'épouser[29].

Sixième accident (ou presque)

Après la découverte que le spectre des ondes électromagnétiques, aussi appelé « la lumière », ne s'arrêtait pas au rouge et au violet, la traque aux couleurs invisibles débuta. Les couleurs sous l'infrarouge furent délibérément produites en 1894 par le physicien indien Jagadish Bose et appelées les micro-ondes. Ainsi, les micro-ondes n'ont pas été découvertes par accident. Mais leur principal usage, si.

En 1945, le physicien américain Percy Spencer travaillait avec des émetteurs de micro-ondes de l'armée pour déterminer si elles ne pourraient pas rebondir sur des avions ennemis. C'est en manipulant l'un de ces émetteurs que Percy remarqua quelque chose, qui varie selon les versions.

Selon la première version de l'histoire, il remarqua qu'une barre de chocolat avait fondu dans sa poche[30]. D'autres sources assurent qu'il remarqua que son propre corps se réchauffait quand il était près de l'émetteur[31]. Toujours est-il que Spencer découvrit que les

* À proprement parler, la longueur d'onde de la lumière visible n'est pas de la même taille que les électrons. Les électrons orbitent autour des atomes dans des couches électroniques situées à des distances bien précises du noyau. C'est le saut entre deux de ces couches qui correspond à la longueur d'onde de la lumière visible. Une onde de lumière visible (ou d'ultraviolet) forcera ainsi les électrons à sauter d'une couche à l'autre, un mécanisme appelé « saut quantique ».

micro-ondes qu'émettaient les scanners faisaient vibrer la graisse et les molécules d'eau dans tout ce qui les entourait, ce qui faisait augmenter leur température et les cuisait de l'intérieur.

Il tenta de chauffer un bol de pop-corn en le tenant près de l'émetteur, puis un œuf (qui explosa à la figure de son assistant) et comprit qu'il avait découvert un moyen de chauffer tout ce qui contenait de la graisse ou de l'eau… autrement dit toute nourriture ou presque. À la fin de la guerre, Spencer transforma les émetteurs sur lesquels il avait travaillé et commercialisa ensuite ce qui était devenu les premiers fours micro-ondes de l'histoire.

Septième accident

À l'autre bout du spectre électromagnétique, la couleur au-delà de l'ultraviolet fut également découverte par accident, cette fois par le physicien allemand Wilhelm Röntgen qui menait des expériences avec des lampes cathodiques. Ces lampes émettent des faisceaux d'électrons à haute énergie et Röntgen voulait déterminer leur effet sur les peintures fluorescentes.

Le 8 novembre 1895, il installa son expérience et décida de placer sa lampe à l'intérieur d'un tube en carton noir afin d'empêcher la lumière de partir dans toutes les directions et de concentrer le rayon dans un cercle.

Mais, tandis qu'il se préparait, il remarqua que l'écran fluorescent posé sur son bureau se mettait à luire. La lampe cathodique était pourtant orientée de l'autre côté, il n'y avait donc aucune source de lumière pour faire réagir ses molécules. À moins que, pensa-t-il, la lampe émît un rayon de lumière si puissant qu'il était capable de traverser le carton.

Après quelques expériences supplémentaires, Röntgen désigna courageusement sa femme volontaire pour se placer devant le rayon. Il découvrit alors qu'en plaçant une plaque photographique derrière elle, les rayons traversaient sa chair mais pas ses os, ce qui laissait sur la plaque une impression de son squelette. Après avoir vu cela, Madame Röntgen aurait dit qu'elle avait vu « sa propre mort[32]. »

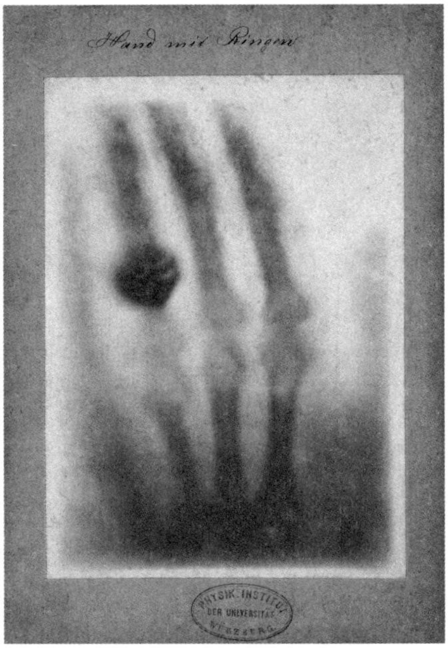

Première radiographie par Wilhelm Röntgen de la main de sa femme Anna Bertha Ludwig en 1895.

Röntgen baptisa provisoirement ces rayons mystérieux « rayons X » (X comme le symbole pour noter une inconnue dans une équation). Il avait l'intention de trouver un meilleur nom, mais « rayons X » était si accrocheur que l'appellation est restée.

Huitième accident

Comme nous l'avons déjà vu avec Johann Ritter et sa découverte des rayons ultraviolets, les plaques de nitrate d'argent réagissent aux rayons de haute énergie. Elles ont encore fait le coup en 1896, quand le physicien français Henri Becquerel voulut tenter de reproduire l'expérience photographique de Niépce.

Il prépara ses plaques de nitrate d'argent pour capturer la vue de la fenêtre de son laboratoire, mais malheureusement le temps était nuageux. Il rangea alors ses plaques dans un tiroir et rentra chez lui pour le week-end.

Quand il revint au laboratoire le lundi, l'impossible s'était produit. Les plaques photographiques, contre toute attente, s'étaient développées. Il les avait rangées sous sa croix de l'Ordre de Malte et, sans la moindre source de lumière dans le tiroir, les plaques avaient capturé l'image de la médaille.

Becquerel en parla à ses amis, les époux Marie et Pierre Curie, afin de recueillir leurs conseils et, après une rapide investigation, les Curie déduisirent ce qu'il s'était passé. Il y avait un autre objet dans le tiroir, outre la croix et les plaques : une bouteille de sulfate d'uranium, un produit dont ils avaient découvert qu'il émettait un rayonnement de haute énergie. Ce rayonnement avait fait réagir les particules d'argent dans les plaques tout comme la lumière du soleil l'aurait fait, mais l'épais métal de la médaille leur avait bloqué la route[33].

Marie Curie nomma ce phénomène nouveau la radioactivité, du latin *radius*, « rayon » de lumière, et du grec *aktinos*, « rayon » aussi, mais d'une roue, parce que ces rayons étaient émis dans toutes les directions, comme les rayons d'une roue. Ils avaient découvert la couleur suivante dans le spectre de la lumière, les rayons gamma*. Ces rayons sont en gros de la taille d'un noyau atomique et ils sont si puissants qu'ils peuvent même faire vibrer le cœur atomique du corps.

Une fois que les Curie avaient découvert ce nouveau rayonnement à étudier, ils se mirent à acheter des montagnes de pechblende, un minerai connu pour contenir d'infimes traces d'uranium. En l'étudiant, ils découvrirent que ces émissions radioactives (voir l'Annexe 3 p. 191) provenaient surtout des atomes les plus lourds. Au passage, ils découvrirent aussi deux nouveaux éléments bonus.

* C'est en réalité un peu plus compliqué que cela, parce qu'il existe quatre sortes de radioactivité. Les rayons gamma sont la couleur qui suit les rayons X dans le spectre, mais les atomes lourds émettent aussi des particules de haute énergie dotées de propriétés radioactives. Les Curie ne disposaient pas de la technologie nécessaire pour différencier les rayons de haute énergie des particules de haute énergie, c'est pour ça qu'ils ont choisi le nom « radioactivité ». Techniquement, c'est Paul Villard qui, en 1900, découvrit que les émissions radioactives de l'uranium étaient des rayonnements électromagnétiques, et c'est lui qui les nomma rayons gamma.

De l'importance d'être Ernest

En 1908, Ernest Rutherford emporta le prix Nobel de chimie. Il s'était appuyé sur le travail des Curie pour découvrir que les gros atomes émettent plusieurs types de rayonnements radioactifs. Non seulement les éléments lourds émettent des rayons gamma de haute énergie, mais ils éjectent aussi de petites « balles » de matière avec. Il n'avait aucune idée de ce qui provoquait ces éjections, mais le phénomène était indéniable. Il nomma ces minuscules débris atomiques les « particules alpha ».

Bien d'autres scientifiques se seraient alors reposés sur leurs lauriers et en auraient simplement profité pour manger à l'œil dans des restaurants très fréquentés par les scientifiques partout dans le monde, mais Rutherford voulut plutôt approfondir son savoir. Il voulait déterminer d'où venaient les balles. Seulement, pour ce faire, il lui fallait sonder la structure interne de l'atome.

Les atomes sont si petits qu'il est impossible de les voir au microscope, parce que la lumière visible est trop grosse pour les éclairer. En alignant autant d'atomes qu'il y a d'humains sur la planète, on formerait une chaîne de seulement huit centimètres. Ainsi, si l'on veut étudier leur comportement, il faut être créatif, ce qu'était indéniablement Rutherford.

Fils d'un berger de Nouvelle-Zélande, Rutherford avait la réputation de monter des expériences iconoclastes que personne n'aurait même songé à tenter. Il donnait la priorité aux approches originales plutôt qu'onéreuses et estimait que les appareils de haute technologie rendaient les scientifiques paresseux.

À l'époque, on comprenait l'atome comme un nuage dans lequel des particules subatomiques appelées électrons flottaient. L'ancien superviseur de Rutherford, J. J. Thomson, avait déjà découvert les électrons, et tout le monde imaginait l'atome un peu comme un flan aux pruneaux.

Ce qui était difficile à expliquer, c'est que les particules alpha expulsées des atomes étaient de charge opposée à celle des électrons.

D'où venaient-elles donc? Est-ce que le nuage atomique se divisait? Y avait-il d'autres particules mélangées aux électrons?

Afin d'en savoir plus, Rutherford engagea l'ingénieur allemand Hans Geiger pour qu'il lui construise un appareil qui réagirait en cas de collision avec des particules (les fameux craquements du compteur Geiger), qu'il plaça derrière une fine feuille d'atomes d'or. De l'autre côté de la feuille, il installa un émetteur de particules alpha bien identifié, le radium, le premier élément découvert par les Curie. Le radium tirerait ses particules alpha au travers de la feuille d'or et le détecteur placé de l'autre côté indiquerait leur destination. On obtiendrait ainsi une sorte de motif de dispersion atomique.

En laissant l'expérience durer ainsi quelques heures, Geiger déterminerait où arrivent les particules alpha, ce qui lui donnerait des indications sur la densité des atomes de la feuille d'or. Si le nuage atomique était épais, semblable à une éponge par exemple, les particules alpha seraient déviées d'un angle plus important que s'il était léger et vaporeux.

Geiger chargea de l'expérience son étudiant en thèse, Ernest Madsen. C'est donc lui qui découvrit quelque chose qu'aucun d'eux n'avait prévu. En mesurant l'angle de déviation de chaque particule alpha, Marsden tomba sur une particule qui avait été déviée de plus de 90°. Or, si une déviation de quelques degrés était attendue et une déviation de 10° encore concevable, une déviation de 90° était quant à elle impossible, puisque synonyme d'un virage à angle droit de la particule au moment où elle traversait la feuille. Être déviée de plus de 90° signifiait donc qu'elle avait heurté quelque chose dans l'atome qui l'avait fait rebondir.

Pourtant, cela se reproduisit. Encore et encore. Marsden détermina qu'environ une particule alpha sur dix mille rebondissait en direction de la source de radium[34], ce que Rutherford décrivit comme « de voir rebondir un obus de quinze pouces tiré droit sur un mouchoir[35] ».

Faut-il considérer cette expérience comme un accident? C'est un peu flou, car Rutherford avait bien suggéré de placer les détecteurs à des angles très importants par rapport à la feuille d'or. Marsden l'avait-il mal compris quand il est allé jusqu'à placer les détecteurs du même côté de la feuille que l'émetteur? Difficile à dire, mais, quoi qu'il en soit, cette découverte a montré que tout le monde se trompait sur la constitution de l'atome.

La conclusion définitive de cette énigme sur la structure atomique a finalement été tirée par le physicien danois Niels Bohr, scientifique et footballeur (il gardait les cages du Danemark durant les Jeux olympiques de 1908[36]). C'est lui qui eut l'idée de décrire les atomes comme un petit noyau dense autour duquel orbitait à distances fixes un nuage d'électrons, telles les planètes autour du Soleil.

Le prix Nobel qui n'en était pas un

En 1934, Enrico Fermi dirigeait un laboratoire de physique des particules près du monastère de Panisperna, à Rome. Après la découverte de Rutherford, qui nous apprenait que les atomes étaient dotés d'une boule en leur centre, d'autres scientifiques avaient pu déterminer que celle-ci se constituait de deux types de particules : les protons et les neutrons.

On savait aussi que, alors que les protons suivaient une suite numérique prévisible, ce n'était pas le cas des neutrons. Il y avait un élément à un proton (l'hydrogène), un élément à deux protons (l'hélium), un élément à trois protons (le lithium) et ainsi de suite, mais les neutrons ne se pliaient à aucun schéma de ce genre. Il était possible d'obtenir différents types de lithium (tous pourvus de trois protons en leur centre) se comportant de la même manière dans les réactions, et dont la seule différence tenait à leur nombre de neutrons, ce qui entraînait des masses différentes.

On savait également que, parvenu au quatre-vingt-douzième élément, l'uranium, les atomes ne grandissaient plus. La nature, pour une raison inconnue, n'allait pas au-delà de l'atome 92. Fermi et les « gars de Panisperna » comme on les appelait décidèrent donc de battre la nature à son propre jeu. Ils allaient aller un cran plus loin qu'elle et fabriquer un élément artificiel à quatre-vingt-treize protons. Mais comment ajouter un proton au noyau d'un atome et le transformer en un élément nouveau ? C'était de l'alchimie.

La réponse fascinante vint du scientifique américain James Chadwick qui proposa quelque chose de très malin. Certains éléments étaient connus pour éjecter des neutrons de leur noyau, surtout les gros atomes comme le polonium. Il y a tellement de particules dans leur noyau, en train de se battre pour se tailler une place, qu'ils en deviennent parfois instables et expulsent un neutron pour gagner un peu d'espace.

Ce neutron éjecté se déplace si vite qu'il transpercera normalement tout sur son passage (ce fut le problème à Tchernobyl en avril 1986, où les minerais radioactifs dans le réacteur émettaient des neutrons de haute énergie). Mais Chadwick suggéra qu'il était possible de ralentir les neutrons en les faisant passer d'abord au travers d'un matériau dense. Ainsi, quand ils en émergeraient, ils se déplaceraient plus lentement et ne traverseraient pas l'atome cible. Ils pourraient même venir se loger dans son noyau.

Le noyau qui absorberait ce neutron devrait à son tour lui laisser de la place. Avec un peu de chance, certaines de ses particules changeraient d'identité à la faveur de ce réarrangement.

Neutrons et protons se changent les uns en les autres grâce à un mécanisme que nous ne comprenons pas. Tout ce que nous savons, c'est que, de temps en temps, un neutron, si on le perturbe, pourra se transformer en proton. Ainsi, si Fermi et son équipe pouvaient tirer un neutron ralenti droit dans un atome d'uranium, le noyau pourrait l'absorber, changer sa disposition interne et, avec un peu de chance, se transformer en l'élément 93.

Toutefois, comme ce résultat serait rare, prouver qu'il est bien survenu requérait l'analyse de ce qu'on appelle la demi-vie atomique.

Les atomes radioactifs sont tout le temps sur le point de cracher des particules, mais il est impossible de prédire quand exactement se produira ce phénomène. Ce que l'on peut faire à la place, c'est regarder tout un groupe d'atomes et émettre une affirmation générale sur la durée moyenne nécessaire à ce que la moitié d'entre eux soient déjà passés par là. C'est un résultat paradoxal, parce que, même s'il est impossible de prévoir le comportement d'une particule isolée, on peut parfaitement prévoir avec précision le comportement moyen de millions d'entre elles.

Ainsi, même si l'on ne peut jamais dire quel atome est sur le point d'émettre un rayonnement radioactif, on peut prédire la durée nécessaire pour que 50 % d'entre eux l'aient déjà fait. C'est ça, la « demi-vie » de cet élément, le temps qu'il faudra pour que la moitié de l'échantillon ait subi une désintégration radioactive. Et ce qui est très utile avec la demi-vie, c'est que chaque atome a la sienne, qui lui est propre, bien définie.

Quand Fermi consulta les résultats de son expérience, en 1934, et constata qu'il avait trouvé un atome dont la demi-vie était de six heures, il frémit d'excitation. Aucun élément n'avait une demi-vie de six heures. C'était quelque chose de complètement nouveau, dans tout l'Univers. Il venait de réussir à créer un nouvel atome[37].

Il publia ses résultats, affirmant avoir trouvé les signatures radioactives des éléments 93 et 94 qu'il baptisa ausonium (d'après *Ausonia*, le mot en grec moderne pour désigner l'Italie) et hespérium (d'après *Hesperia*, le mot en grec ancien pour désigner l'Italie).

Fermi avait réussi l'impossible. On le célébrait en héros. Il reçut un prix Nobel seulement quatre ans plus tard, non seulement pour la découverte de ces deux nouveaux éléments, mais aussi pour leur création. Mais il y avait tout de même un tout petit, un minuscule problème. Fermi s'était complètement planté.

Il est tout de même l'un des plus grands physiciens des particules de tous les temps et il méritait complètement un prix Nobel, je ne le nie absolument pas. Mais, simplement, le truc pour lequel on lui a attribué le prix, techniquement parlant… Et j'insiste, vraiment techniquement parlant… Eh bien il ne l'avait pas accompli du tout, en réalité. Il y avait une tout autre explication aux traces radioactives qu'il avait détectées. Mais comme cette explication était encore plus étrange que la création d'un nouvel atome, personne ne l'avait prise au sérieux.

Trois mois après la publication des prouesses alchimiques de Fermi, la chimiste allemande Ida Noddack publia une réponse affirmant qu'elle n'était pas convaincue. Chimiste de grande renommée, Noddack pointait l'existence d'une autre possibilité qu'il s'agissait d'exclure avant de conclure quoi que ce soit.

Et si le neutron ralenti que Fermi avait tiré en direction de l'atome d'uranium l'avait suffisamment déstabilisé pour qu'il se casse en deux ? Les plus petits atomes résultants de la scission auraient chacun un arrangement de neutrons dans leur noyau complètement inédit, ce qui aboutirait à des demi-vies tout à fait différentes de tout ce qu'on avait jamais rencontré dans la nature[38].

L'article de Noddack passa inaperçu, parce que l'idée de couper un atome en deux était encore plus extrême que celle d'en créer un nouveau. Le mot même « atome » signifie « incassable », en grec. Elle ne pouvait donc pas avoir raison. Alors qu'en fait, si.

Après quelques investigations de Lise Meitner, Otto Hahn et Irène Curie (la fille de Marie), il s'avéra que Fermi et son équipe avaient en réalité créé par accident une nouvelle version du technétium, l'élément 43. La version en question avait une demi-vie unique jamais enregistrée jusqu'alors, si bien que Fermi et ses gars n'avaient pas créé un nouveau type d'atome plus gros, ils s'étaient contentés de casser en deux un atome qui existait déjà[39].

Otto Hahn obtint le prix Nobel de chimie en 1944 pour avoir prouvé que les atomes sont fissibles (Lise Meitner fut scandaleusement oubliée), mais c'est tout de même Fermi qui y était parvenu le premier, sans même s'en rendre compte. Le prix Nobel de Fermi est ainsi unique dans l'histoire, puisqu'il a été attribué par erreur mais demeure mérité car, par accident, il avait accompli un prodige qui lui aurait garanti le prix quoi qu'il en soit.

La création véritable de l'élément 93 arriverait en 1940. Elle fut l'œuvre du physicien américain Edwin McMillan, qui le nomma le neptunium, et lui valut le prix Nobel en 1944. Il fut ainsi la deuxième personne à recevoir le prix Nobel pour la création de l'élément 93.

Qui a commandé ça ?

Dès les années 1930, les physiciens avaient repéré toutes les particules dont l'existence était nécessaire. Tout était composé de ces quatre choses : les protons, les neutrons, les électrons et, moins communes (mais très importantes), les particules appelées positons. Avec ces quatre ingrédients, nous pouvions décrire toute la matière connue dans l'Univers.

Le positon avait été découvert par le physicien américain Carl Anderson en 1932. Il avait employé pour cela un appareil basique mais très efficace, une chambre à brouillard, également très amusant à utiliser (j'en ai construit une un jour, parce que je suis ce genre de type). Il s'agit de remplir une petite cuve d'une vapeur volatile et de la refroidir jusqu'à ce que la vapeur se situe à la frontière entre l'état gazeux et l'état liquide (de l'alcool ménager fonctionne très bien pour la vapeur, de même que la neige carbonique pour refroidir le tout).

Toute agitation dans cette vapeur, par exemple une particule de haute énergie qui la traverserait, provoquera autour d'elle une condensation, une petite ligne de nuages, pendant quelques secondes. En analysant ces lignes, on détermine quelles particules ont traversé le détecteur. C'est un peu l'équivalent, pour la physique des particules, de la caméra qui se déclenche au mouvement pour l'observation des animaux.

Anderson a décroché le prix Nobel pour son utilisation de la chambre à brouillard dans la découverte du positon. Mais, en 1936, quelque chose est passé dans la chambre sans prévenir. Quelque chose que personne n'avait jamais vu. La forme du trait de vapeur était caractéristique d'un électron, à une différence majeure près : c'était deux cent sept fois plus lourd.

Cela revenait à installer une caméra à détection de mouvement dans le jardin dans l'espoir d'observer le chat du voisin et d'obtenir à la place une vidéo de tigre à dents de sabre. Anderson venait d'observer un cinquième type de particules, dont personne n'avait prévu l'existence.

De façon plutôt déconcertante, cette particule nouvelle, qu'on baptisa le muon, n'était pas présente dans les atomes, n'était pas expulsée lors des désintégrations radioactives et n'était pas nécessaire pour expliquer les phénomènes quantiques. Elle ne servait à rien et pourtant elle existait.

Quand il entendit parler du muon, le prix Nobel de physique Isidor Rabi eut cette réplique fameuse et agacée : « Qui a commandé ça[40] ? », parce que le muon modifiait toute notre façon d'envisager la physique des particules. Il fallait croire que l'Univers n'était cette chose simple et élégante que nous supposions qu'il fût. On y trouvait des particules sans raison apparente. Qui ne faisaient rien. Qui se contentaient d'être.

Peu après, le physicien américain Martin Perl découvrit une autre particule inutile, qu'il baptisa le tauon (parfois appelée simplement le « tau »), trois mille cinq cents fois plus lourde que l'électron[41]. Et, à mesure que d'autres physiciens se joignirent à la fête avec tous leur propre chambre à brouillard, cela recommença. Bientôt vint le pion, puis le kaon, le lambda, le xi, l'êta, jusqu'à ce que, au milieu des années 1960, plus de quatre cents particules aient été identifiées[42].

C'était la version physique d'une crise existentielle. Apparemment l'Univers bouillonnait de trucs inutiles, et nous ne savons toujours pas du tout quoi faire de ça. Nous sommes bien parvenus à réduire cette ménagerie de particules à une poignée d'acteurs centraux, ceux du « modèle standard » qui contient une douzaine de particules fondamentales qui composent toutes les autres. Mais à présent nous sommes coincés.

Certains physiciens cherchent une théorie élégante qui tiendra compte de toutes les particules différentes et expliquera leurs masses, pour lors complètement aléatoires. Mais d'autres estiment qu'il n'y a aucune raison pour que l'Univers soit net et bien rangé. Peut-être l'Univers est-il tout simplement, à l'image de la science elle-même, un bon gros bazar.

PARTIE 4

« L'homme de talent est un archer
qui touche une cible que les autres ratent.
L'homme de génie est un archer qui touche une cible
que les autres ne voient pas. »

ARTHUR SCHOPENHAUER

« Quand la bonne idée s'illumine soudain…
on se frapperait de ne pas l'avoir trouvée plus tôt. »

FRANCIS CRICK

« Quatre-vingt-huit miles à l'heure !!! »

EMMETT « DOC » BROWN (*RETOUR VERS LE FUTUR*)

La vérité nue

Je ne pourrais écrire en toute bonne conscience une partie sur les Eurêka scientifiques sans évoquer l'événement qui donna naissance à cette expression, même si le problème que rapporte l'anecdote en question est souvent mal compris.

À une date indéterminée du IIIe siècle avant notre ère, le roi de Syracuse, Hiéron II, demanda à un forgeron de lui faire une couronne avec une pépite d'or qu'il lui avait fourni. Le forgeron se mit au travail et revint le mois suivant avec une très jolie couronne. Cependant, on informa en privé le roi que l'artisan l'avait trompé[1].

Tous les métaux ont une densité propre, une mesure de la compacité de leur structure atomique. La densité de l'or est d'environ dix-neuf grammes par centimètre cube. La densité de l'argent est deux fois moindre. Ainsi, quand on travaille avec un pot d'or fondu, il est très facile d'en prélever un centimètre cube et de le remplacer par deux fois ce volume d'argent, un métal bien moins cher. Le poids sera le même et une fois l'alliage refroidi, on ne verra pas la différence. Qui pourrait bien discerner un tout petit centimètre cube à l'œil nu, hein ?

Un artisan futé pourrait employer cette technique pour empocher pour lui-même une partie de l'or du roi. Comment détecter une telle supercherie ? Hiéron jugea que, pour savoir de quel métal était faite la couronne de l'artisan, il lui fallait se tourner vers l'un de ses parents[2], un homme très réputé pour son génie en tant que scientifique et ingénieur : Archimède.

Archimède est connu pour avoir inventé la pompe à vis (une vieille méthode pour transporter l'eau), le système des poulies et, plus amusant encore, une gigantesque griffe métallique utilisée pour soulever les navires ennemis hors du port de la ville[3]. (Il faudrait un archéologue qui voyage dans le temps pour confirmer vraiment l'existence de cette invention, mais l'idée est géniale!)

Hiéron avait foi en Archimède pour trouver le moyen de vérifier la pureté de la couronne. La seule consigne était qu'il ne pourrait pas la fondre afin d'en déterminer le volume. C'était après tout un bien joli bijou, il fallait donc en déterminer la composition sans l'altérer en aucune façon.

Peser la couronne était inutile, son poids était identique à celui de la pépite qu'avait fournie le roi. Il s'agissait d'en mesurer plutôt le volume. Pour une forme régulière, un cube ou une sphère, il existe des formules mathématiques fiables, mais pour un objet irrégulier comme la couronne, rien. Comment Archimède pouvait-il le mesurer?

Un soir, la solution lui vint d'un coup, dans toute sa légendaire simplicité, en plongeant son corps dans la baignoire et en voyant l'eau monter autour de lui. Un objet immergé dans un fluide déplace le même volume que lui-même, donc, s'il plongeait la couronne dans l'eau, il pourrait mesurer la montée du niveau de l'eau et en déduire le volume de la couronne. Il était si plein d'enthousiasme après cette illumination qu'il sauta hors de l'eau et s'en alla courir dans les rues de Syracuse nu comme un ver en criant « Eurêka ! », « J'ai trouvé ! ».

Si l'on en croit le récit historique de l'événement par Vitruve, la couronne a déplacé un volume d'eau supérieur à ce qu'elle aurait dû, ce qui voulait dire qu'elle avait été coupée avec du métal moins précieux. Le destin du forgeron n'est pas mentionné (mais on ne va pas se mentir, il a probablement été tué). Archimède s'en est trouvé si enthousiaste qu'il s'est mis à étudier en détail la physique des fluides, ce qui l'a conduit à découvrir le principe d'Archimède.

Le principe d'Archimède ne dit pas qu'un objet immergé dans un fluide déplacera un volume d'eau égal au sien, comme on le dit trop souvent. Il énonce que, quand un fluide est déplacé par un objet, le poids du volume déplacé sera égal à la poussée qui s'exerce sur l'objet. Ce principe, avec l'idée de volumes déplacés, est celui qui détermine si une matière flottera ou coulera.

Le philosophe grec Archimède dans son bain,
gravure du XVIe siècle.

Prenez par exemple un bateau et un caillou. Le bateau pèse bien plus lourd et pourtant il flotte, alors que le caillou coule. Le principe d'Archimède nous explique pourquoi.

Supposons que le bateau pèse une tonne. Quand nous le mettons à l'eau, il exerce une force dirigée vers le bas sur la surface, et l'eau répond à cette force en exerçant une poussée vers le haut, avec une force d'une tonne là encore. Maintenant, appliquons le principe : si la poussée est d'une tonne, c'est qu'une tonne d'eau a été déplacée. Une tonne d'eau nous donne un volume d'un mètre cube, nous savons donc de combien va s'élever le niveau de l'eau. Si le volume total du bateau est supérieur à un mètre cube, le niveau de l'eau montera moins que la hauteur du bateau, ce qui signifie que le bateau ne sera pas submergé, autrement dit : il flottera.

Prenons le caillou, à présent. Supposons qu'il pèse mille fois moins qu'une tonne. Quand nous le plongeons dans l'eau, il se passe la même chose : une poussée d'un millième de tonne s'exerce sur lui et il déplace un millième de tonne d'eau. Cela nous donne un litre d'eau déplacé. Si le volume du caillou est inférieur à un litre, l'eau le submergera. Autrement dit : il coulera.

Pour le dire encore autrement : ce qui détermine la capacité d'un objet à flotter ou à couler n'est pas son poids. C'est le caractère compact ou au contraire largement réparti de celui-ci. C'est la densité qui compte : si un objet est plus dense que le fluide, il coulera ; s'il est moins dense, il flottera. D'ailleurs, en parlant d'Eurêka à propos d'eau…

Splash

Lonnie Johnson est né dans l'Alabama en 1949, à l'époque de la ségrégation. Comme il était noir, il est allé dans une école réservée aux Noirs, où il a appris l'histoire d'un grand inventeur noir, George Washington Carver. Passionné de sciences, Johnson menait des expériences chez lui. Il a presque mis le feu à sa cuisine après avoir préparé du carburant pour fusée dans une casserole. On l'a arrêté pour avoir conduit son kart fabriqué maison sur l'autoroute.

Dès que son école s'est rendu compte de ses dons, l'équipe enseignante l'a inscrit dans un concours régional, la Junior Engineering Technical Society Science Fair [la Foire des sciences de la Société pour la promotion des sciences et des techniques chez les jeunes, NdT], qui se tenait à l'université de l'Alabama (où le gouverneur George Wallace avait autrefois tenté d'empêcher les étudiants noirs d'entrer). Johnson était le seul inscrit noir. Il obtint le premier prix grâce à son robot à air comprimé. Dans ta face, Wallace.

Johnson s'inscrivit ensuite à l'université Tuskegee, celle de son héros George Washington Carver, avec une bourse d'études. Il obtint ses diplômes en mécanique et en ingénierie nucléaire. Ses talents en physique et en tant qu'inventeur lui valurent rapidement l'attention de l'US Air Force et, en 1982, il fut recruté pour participer à l'élaboration du bombardier furtif. Plus précisément, il fut chargé d'en construire la pompe à chaleur.

Les pompes à chaleur, à l'époque, employaient le gaz Fréon, mais les dégâts que ce gaz causait à l'environnement commençaient à devenir flagrants. L'Air Force voulait que Johnson en invente une qui fonctionne à l'eau. Ce n'était pas facile, parce que l'eau est d'une viscosité très différente de celle du Fréon, si bien qu'il fallait repartir de zéro.

Un soir, Johnson ramena son travail à la maison et brancha sa pompe au lavabo de la salle de bains. Quand il ouvrit l'eau, il mit un peu trop de pression et l'eau jaillit du tuyau à une telle vitesse qu'elle vint frapper le mur opposé. Johnson contempla la flaque et se demanda soudain : et si, plutôt qu'une pompe à chaleur, il adaptait son appareil pour en faire un canon à eau ?

Après avoir bricolé l'appareil, Johnson remplit une demande de brevet et chercha un distributeur. Pendant sept ans, personne ne se montra intéressé, jusqu'à ce qu'il se trouvât dans une réunion du conseil d'administration du fabricant de jouets Larami, qui fut très impressionné. Son canon à eau, conçu à l'origine avec des pièces destinées à refroidir un avion furtif de l'armée, a été commercialisé sous le nom de Super Soaker, le pistolet à eau le plus vendu de l'histoire, dont la valeur estimée s'élève aujourd'hui à un milliard de dollars.

Johnson ne s'est pas arrêté là. Après l'énorme succès du Super Soaker, il modifia sa conception pour qu'il puisse tirer des fléchettes en mousse. C'est ainsi qu'il inventa aussi le Nerf, aujourd'hui estimé à quatre cent soixante millions de dollars.

Johnson dispose aujourd'hui de plus de deux cents brevets à son nom. Il a aussi contribué à concevoir le système d'alimentation en carburant de la sonde spatiale Galileo – comme si avoir inventé à la fois le Super Soaker et le Nerf n'était pas déjà assez cool comme ça[4].

Dans les pommes

L'histoire d'Archimède qui court tout nu dans les rues de Syracuse n'est peut-être pas tout à fait authentique, mais le deuxième Eurêka le plus important de l'histoire, lui, est vraiment arrivé. Et nous le savons parce que c'est le génie en question qui nous l'a raconté lui-même[5].

Cette fois-ci, nous sommes dans une ferme du Lincolnshire, où le jeune Isaac Newton se pose des questions. C'est l'an de grâce 1665 et l'Angleterre est confinée en raison de la Grande Peste. Les universités sont fermées et Newton doit se contenter d'aider ses frères et sœurs, ainsi que sa mère, à la ferme, un rôle pas vraiment taillé pour lui.

Ce qui le troublait alors, c'est que le principe d'Archimède paraissait passer à côté de quelque chose. L'air est un fluide et les objets s'y déplacent vers le bas parce qu'ils sont plus denses. Ça, c'était clair.

Pour correctement décrire la chute d'un corps, il faut connaître son poids, son volume et les différentes propriétés du fluide dans lequel il se déplace. Pourtant, pensait Newton, la Lune ne tombe pas vers la Terre, alors qu'elle est certainement plus dense que l'air…

Tandis qu'il tournait ce problème dans sa tête, il remarqua une pomme qui tombait d'un arbre. C'est alors que la réponse lui tomba du ciel, droit dans sa tête.

La version de cette histoire dans laquelle la pomme lui tombe sur la tête est un embellissement dû à l'auteur Isaac D'Israeli, qui affirmait qu'« alors qu'il lisait sous un pommier, un fruit tomba et le frappa sur le crâne. Il observa que la pomme était petite et fut surpris de la force du coup. C'est ce qui le poussa à considérer le mouvement accéléré des corps en chute libre ; de là, il déduisit le principe de la gravité et posa les fondations de sa philosophie[6] ». Toutefois, ce n'est pas tout à fait comme ça que ça s'est passé, même si c'est bien la chute d'une pomme qui mena Newton à sa découverte, comme il l'a raconté à son biographe William Stukeley.

Un objet n'accélère ni ne ralentit à moins que quelque chose ne l'y force. Si vous poussez un objet, son inclination sera de poursuivre ce mouvement en ligne droite. Sur Terre, les objets ne s'arrêtent que parce que des forces s'opposent à leurs mouvements, le plus souvent la résistance de l'air ou les frottements. Mais si l'on pousse un objet dans un environnement où aucune force n'agit (tel que l'espace), le mouvement se perpétuera. Ce principe était connu, dans ses grandes lignes, depuis l'époque de Galilée.

Cependant, quand un objet tombe, il ne se contente pas de se déplacer à vitesse constante : il accélère. Un moyen très simple de le prouver est de lâcher une pomme à quelques centimètres du sol, puis de la lâcher à une dizaine de mètres de haut. Dans le second scénario, la pomme sera bien plus endommagée, car elle touchera le sol à une vitesse plus grande. Cela signifie que la pomme accélère à mesure qu'elle tombe et que, plus elle tombera longtemps, plus elle ira vite. Si les choses tombent, avait compris Newton, c'est qu'une force les fait tomber.

La raison de la chute des corps n'était pas à chercher uniquement dans l'objet qui tombe et le fluide qu'il traverse. La pomme et l'air ne sont que des parties de l'équation. La théorie d'Archimède était incomplète. Le morceau qu'il manquait, ce morceau que tout le monde avait raté depuis des milliers d'années, c'est qu'il y a un troisième objet à considérer : toute la planète Terre.

Plutôt que de se contenter d'être la destination finale de la pomme, la Terre joue un rôle crucial dans le phénomène. C'est ce que venait de comprendre Newton. La pomme ne se déplace pas seulement en raison de sa densité, elle bouge parce que la Terre l'attire à elle. La planète entière exerce une traction invisible et la force à se déplacer en ligne droite. Les choses tombent parce que la Terre crée un champ de forces qui attire tout à elle. Newton baptisa cette force la gravité, du latin *gravitas*, « poids ».

Cela explique pourquoi la Lune ne tombe pas, bien qu'elle soit plus dense que l'air. La Lune et la Terre sont entourées d'un champ de gravité invisible et s'attirent constamment l'une vers l'autre. Mais elles sont en mouvement, si bien que, quand la Lune voudrait tomber vers la Terre, la Terre se déplace et oblige la Lune à changer de direction, en permanence, jusqu'à tourner en boucle autour de la Terre.

La Terre fait la même chose autour du Soleil : elle tente constamment de tomber et sa trajectoire adopte de force celle d'une chute circulaire. Le Soleil, quant à lui, tombe en cercle vers le centre de la galaxie… Et ainsi de suite, à l'infini.

La découverte de Newton n'était pas qu'une explication de la chute des corps. C'était la première fois qu'une idée scientifique reliait la Terre et les Cieux. Les principes auxquels les pommes se pliaient étaient les mêmes que ceux qui gouvernaient les mouvements de toute chose dans le cosmos. Ce que Newton avait découvert était proprement étourdissant : un principe auquel tout l'Univers devait se conformer. Une loi de la physique.

Tête d'épingle

En 1846, l'ingénieur américain Elias Howe tentait d'inventer un moyen efficace de lier deux pièces d'étoffe. Il travaillait à cela d'arrache-pied depuis des années, jusqu'à ce que la solution lui vienne finalement dans un rêve.

Dans ce rêve, le roi d'un pays inconnu lui donna vingt-quatre heures pour inventer une machine à coudre, sans quoi il serait exécuté. Howe échoua, comme dans la vraie vie, et les gardes royaux l'amenèrent jusqu'à la potence.

Tandis qu'il marchait jusqu'au lieu de l'exécution, Howe remarqua que les gardes portaient de gigantesques lances dont la pointe était dotée d'un trou. Ses yeux s'ouvrirent d'un coup à quatre heures du matin et il se mit à dessiner. L'idée était soudain si claire : un trou dans la *pointe* d'une aiguille, pas à l'autre bout (au contraire de toutes les aiguilles fabriquées dans le monde) !

Si l'on fait passer un fil dans la pointe d'une aiguille, quand celle-ci perce le tissu, elle entraîne automatiquement le fil avec elle de l'autre côté. En ajoutant de ce côté-là un tambour rotatif (qu'on appelle une canette) pourvu d'un deuxième fil qui attrape le premier, on forme un nœud entre les deux fils. Quand l'épingle recule, le nœud se resserre, et on obtient un point. Howe avait inventé la machine à coudre[7].

Tout est relatif

Né en Allemagne, Albert Einstein fut certainement le premier scientifique mondialement célèbre. Il fut acclamé par tous de son vivant, à raison, alors que la presse peinait à décrire ses idées pour le grand public.

Certaines sont faciles à expliquer, d'autres extrêmement techniques, comme la découverte qui lui valut le prix Nobel : prouver que la lumière est composée de particules appelées photons tout en étant une onde électromagnétique (pour un résumé de la solution à ce paradoxe, lisez l'Annexe 4 p. 193, ou, si vous êtes d'humeur à me donner plus d'argent, achetez mon livre sur la physique quantique, *Magique quantique*).

Ses deux plus grands accomplissements sont ses théories de la relativité : la relativité restreinte (1905) et la relativité générale (1916).

La relativité restreinte s'intéresse aux changements qu'entraînent nos mouvements les uns par rapport aux autres, un sujet qui fascinait Einstein depuis l'adolescence. Les rayons de lumière, composés de particules appelées photons, se déplacent toujours à trois cents millions de mètres par seconde. C'est un phénomène maintes fois vérifié qui n'admet pas d'exception. Peu importe la source du rayonnement, qu'il s'agisse d'une ampoule ou d'une étoile, le rayon voyagera toujours à la même vitesse. Mais pourquoi est-ce ainsi ?

La réponse vint à Einstein à Berne, un soir de mai 1905, tandis qu'il rentrait du bureau des brevets où il travaillait. Il y a en plein centre de la place de l'hôtel de ville un beffroi et, tandis que celui-ci sonnait l'heure, Einstein s'arrêta. Nous ne connaissons pas l'heure en question malheureusement, mais c'est en levant les yeux vers l'horloge qu'Einstein connut son Eurêka[8].

Imaginez que vous vous éloignez de l'horloge tout en la regardant par-dessus votre épaule. Les photons qu'elle renvoie aboutiront dans votre rétine et vous indiqueront l'heure. Mais imaginez maintenant que vous vous en éloignez à trois cents millions de mètres par seconde. Que se passerait-il ?

Si vous vous déplacez à la même vitesse que les photons, ils ne parviendront pas jusqu'à vos yeux. Ainsi, même si l'horloge ne cesserait pas de tourner, vous ne le verriez pas. Vous vous déplaceriez trop vite pour que l'information puisse vous atteindre. Une heure plus tard, l'horloge indiquerait pour vous toujours la même heure, figée dans le temps.

Et l'horloge ne serait pas la seule chose figée ainsi. Tout ce qui se passerait derrière vous apparaîtrait immobile, comme dans un tableau, puisqu'aucun nouveau photon n'atteindrait vos yeux. Depuis la perspective d'un photon, se rendait compte Einstein, tout l'Univers est immobile. Les photons ne font pas l'expérience du temps.

Prolongeons cette idée et imaginons un autre scénario. À présent, vous vous éloignez de l'horloge à presque trois cents millions de mètres par seconde. Cette fois, vous verrez les aiguilles bouger, même si les photons vous atteindront avec retard. L'horloge paraîtra tourner, seulement très lentement. En d'autres termes, si vous êtes immobile à côté d'une horloge, elle tourne à la vitesse habituelle, mais si vous vous en éloignez de plus en plus vite, elle ralentira de plus en plus de votre point de vue.

Einstein venait de comprendre que le temps n'est pas une constante que tout l'Univers subirait à l'identique. Il dépend de la vitesse à laquelle on se déplace relativement à autre chose. Plus on bouge vite par rapport à une chose donnée, plus celle-ci nous apparaîtra lente.

L'horloge du beffroi avancera toujours d'une seconde par seconde mais, à mesure que vous accélèrerez, son temps ralentira relativement à vous. Vous vous sentirez parfaitement normal, ce sera le monde autour de vous qui vous paraîtra bizarre. Mais du point de vue de l'horloge, le temps passera trop vite pour vous.

Deux personnes munies chacune d'une horloge et se déplaçant en différentes directions à des vitesses différentes ne pourront pas s'accorder sur le temps écoulé. Ainsi, c'est le temps lui-même qui est relatif.

La théorie qui a émergé de cette prise de conscience (la relativité restreinte) est une enquête menée au moyen d'un arsenal mathématique diabolique sur la lumière, le temps et le mouvement, qui nous explique enfin pourquoi la lumière se déplace toujours à trois cents millions de mètres par seconde. Plus un objet se déplace vite, plus le temps passera lentement de son point de vue.

Les photons essayent, en un sens, d'aller le plus vite possible. C'est seulement que, une fois qu'ils atteignent trois cents millions de mètres à la seconde, le temps cesse de passer pour eux, si bien qu'ils ne peuvent aller plus vite. Ce n'est donc pas réellement la « vitesse de la lumière » : c'est la limite de vitesse universelle. Rien ne peut se déplacer à plus de trois cents millions de mètres à la seconde, parce que rien ne peut se déplacer dans le temps plus lentement qu'à vitesse nulle.

Einstein finit par étendre sa relativité restreinte en une théorie plus dodue qui comportait aussi la gravitation, la masse et l'énergie, grâce à un travail acharné et une longue torture mathématique. Pour concevoir la relativité restreinte, son origine du moins, il ne lui avait fallu que lever la tête et regarder l'heure.

Une autre histoire lumineuse

Einstein devant le beffroi de Berne n'est pas la seule histoire où un rayon de lumière issu d'un objet a provoqué un inestimable Eurêka. En décembre 1934, le cantonnier Percy Shaw rentrait chez lui en voiture. Il sortait d'un pub de Bradford, dans le Yorkshire, le Old Dolphin. Il était tard, il y avait du brouillard et aucun réverbère à ce moment-là, en raison d'une opération de maintenance. Shaw avait bien du mal à savoir où il allait quand, soudain, deux lumières vives émergèrent des ténèbres face à lui.

Un chat tigré assis sur un mur de briques regardait fixement le véhicule qui s'approchait, et les phares de la voiture avaient illuminé les rétines du chat. Sans cette réflexion des phares dans les yeux du chat, Shaw n'aurait jamais vu le mur et aurait eu un accident potentiellement fatal.

Si seulement il avait pu persuader une petite armée de chats de s'aligner comme ça au milieu de la route pour le guider jusque chez lui, se disait-il ! Se souvenant certainement que son métier consistait à construire des routes après tout, il eut alors une idée[9].

L'invention de Shaw, inspiré des yeux de chat [et d'ailleurs nommée *cat's eye* en anglais, « yeux de chat », NdT], consistait en de petites surfaces réfléchissantes enrobées de caoutchouc posées sur la route pour renvoyer la lumière des phares de voiture. Astuce supplémentaire, elle comportait en plus un compartiment qui se remplissait d'eau en cas de pluie, si bien que, quand une voiture roulait dessus, l'eau remontait et coulait sur la surface réfléchissante, ce qui la nettoyait au passage.

Les yeux de chat se sont révélés très utiles durant la Seconde Guerre mondiale, car tous les réverbères étaient alors éteints pour ne pas indiquer aux avions les contours des villes. Mais il demeurait possible de conduire une voiture la nuit et de bien voir la route grâce aux reflets dans les yeux de chats, invisibles depuis les avions nazis[10].

Une invention extraordinaire, qui doit son existence à un chat effrayé. Si le chat avait été tourné dans l'autre sens, Shaw aurait sans aucun doute inventé le taille-crayon[11].

Le scandale de la vie

Au début des années 1950, une course opposait deux des plus grands laboratoires de biochimie du monde. L'objectif était d'être les premiers à déterminer la structure d'une molécule appelée acide désoxyribonucléique (ADN).

En 1944, une expérience menée par le médecin américano-canadien Oswald Avery avait montré que l'ADN était presque certainement la molécule de la génétique, celle qui contenait les informations de l'hérédité[12]. Le problème, c'est que personne ne comprenait comment c'était possible.

On savait que l'ADN contenait quelques briques simples, mais pas beaucoup plus. Il est composé de quatre molécules appelées bases azotées : l'adénine, la thymine, la guanine et la cytosine (ATGC, pour aller vite), en plus d'un autre ingrédient allongé comme un fil et constitué de phosphate et de ribose (le ribose est un truc plein d'oxygène, mais il se trouve que ce ribose-là en a plutôt moins que d'habitude, d'où le « désoxyribose »). Et c'est tout. C'était bien trop simple. Un brin de désoxyribose/phosphate et quatre bases azotées ? Comment pourrait-on coder toute la bibliothèque de la vie avec un alphabet si primitif ?

Au King's College de Londres, les recherches étaient menées par Rosalind Franklin et Maurice Wilkins, tandis qu'à Cambridge, les rivaux, on trouvait à la tête du laboratoire Jim Watson et Francis

Crick. Tout se passait bien pour l'équipe de Cambridge, tandis qu'à Londres, pour Franklin et Wilkins, cela n'allait pas fort. Il y avait eu de nombreuses accusations de misogynie et de harcèlement lancées contre Maurice Wilkins au fil des années[13], mais il les avait toutes niées. Pour lui, les frictions avec Rosalind Franklin étaient simplement dues à un « choc de personnalités[14] ».

C'est Franklin qui, la première, suggéra une forme en spirale pour l'ADN, avec le brin de désoxyribose/phosphate formant une hélice et les bases ATGC fichées dans celle-ci comme des pinces à linge sur un fil[15]. Watson eut alors « la même idée » (immédiatement après avoir assisté à une conférence de Franklin sur le sujet), et il se mit à construire avec Crick une maquette en trois dimensions de la molécule pour savoir quelles parties pouvaient se trouver à côté de quelles autres.

Au début, Watson et Crick annoncèrent qu'ils avaient trouvé la bonne structure et ils invitèrent Wilkins et Franklin à Cambridge pour la leur montrer. Là, non seulement Franklin leur indiqua que certaines parties de la maquette étaient éloignées de 90 % des proportions réelles, mais qu'en plus elle était complètement inversée. Watson et Crick avaient placé deux fils de désoxyribose/phosphate à l'intérieur de la molécule, en tire-bouchon l'un dans l'autre, une configuration qui avait l'irritante particularité d'être impossible. Les chaînes de désoxyribose/phosphate se repoussent mutuellement, donc la molécule d'ADN de Watson et Crick aurait explosé en vol.

Franklin passa les trois années suivantes à rassembler méticuleusement toutes les informations qu'elle pouvait sur l'ADN, à calculer les angles entre les différents éléments de la chaîne, jusqu'à capturer enfin en image la silhouette de la molécule de profil. Durant ces années, Watson et Crick ne parvenaient pas à déterminer sa structure (on leur avait interdit de travailler sur cette question, après s'être ainsi ridiculisés), mais finalement Watson eut l'idée géniale de se rendre à Londres pour parler avec l'équipe de King's College et de voir où ils en étaient.

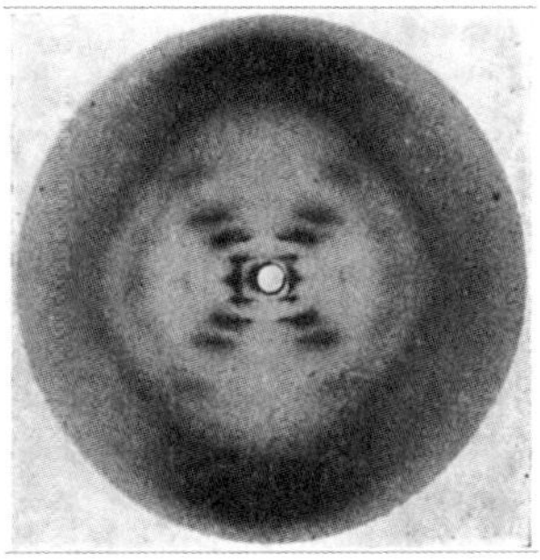

Cristallographie aux rayons X de l'ADN
par Rosalind Franklin en 1951.

Après une discussion très animée dans le laboratoire de Franklin, au cours de laquelle Watson l'accusa de ne pas savoir interpréter ses propres données, Wilkins tenta de le consoler en lui montrant l'image de l'ADN qu'avait obtenue Franklin. Watson en dessina l'aspect sur une feuille qu'il emporta avec lui à Cambridge. Watson et Crick se procurèrent également les données numériques de Franklin, grâce à leur superviseur qui travaillait pour l'organisation à laquelle elle avait soumis son article non encore publié, pour vérification.

Soyons clairs : en sciences, le plagiat n'existe pas. La science s'occupe de faits et les faits n'ont pas de propriétaire. Et même, il faut qu'un maximum de gens s'emparent de vos idées parce que c'est ainsi que vous les testerez. Watson et Crick ne faisaient rien d'illégal en se servant de cet accès secret aux travaux de Franklin. Personne n'ira les jeter dans la prison des sciences pour avoir utilisé les données de quelqu'un d'autre sans les demander… Mais ce n'est tout de même… pas très… digne.

Watson et Crick foncèrent tête la première dans leurs données subtilisées, mais ils ne purent toujours pas résoudre le problème. Du tout. L'ADN était apparemment une double hélice, avec deux colonnes de désoxyribose/phosphate qui s'enroulaient l'une avec l'autre à l'extérieur, tandis que les bases sortaient à angle droit de ces colonnes vers l'intérieur. Un peu comme une échelle tordue, avec les désoxyriboses/phosphates dans le rôle des montants et les bases dans celui des barreaux.

Crick avait déduit que les montants de désoxyribose/phosphate étaient disposés dans une configuration antiparallèle (voir l'Annexe 5 p. 197), mais les bases étaient toutes de taille différente. Il était impossible de les loger dans une double hélice. Ç'aurait été comme d'aligner des pièces dans un tube alors qu'elles sont toutes d'un diamètre différent, si bien qu'il sera impossible d'obtenir un tube droit. Comment loger quatre tailles de base différentes sans que le tube soit gondolé ?

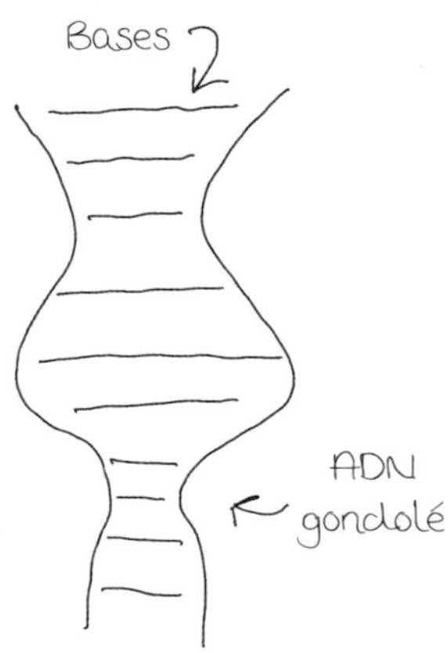

C'est là que vint l'Eurêka, dirait-on par charité. Une manière moins charitable de raconter l'histoire serait : quelqu'un est entré dans le bureau de Watson et lui a donné la réponse. C'est tellement ridicule que s'il s'agissait d'un scénario de film les critiques se plaindraient que la fin est trop téléphonée. Ils jetteraient leur pop-corn vers l'écran en criant que le cinéaste est un fainéant. C'est pourtant exactement ce qu'il s'est passé.

Un soir, Watson s'arrachait les cheveux en regardant sa maquette, quand un autre scientifique, Jerry Donohue, s'est lancé dans une conversation avec lui. Watson lui a décrit le problème et Donohue s'est contenté de secouer la tête en signe d'amusement.

Donohue était justement le spécialiste mondial des bases azotées sur lesquelles travaillaient Watson et Crick. En plus, il savait ce qui les bloquait. Les manuels se trompaient complètement. Les quatre bases étaient toujours décrites comme de toutes les tailles et de toutes les formes mais c'était inexact, il n'y en avait que deux types, les grosses et les petites[16].

Après avoir lancé cette bombe atomique l'air de rien, Donohue sortit et Watson resta planté devant sa maquette. Il ne lui restait plus qu'à faire la déduction finale. A et G sont grosses, T et C petites. Et en alignant les deux, une grosse et une petite, on obtenait toujours la même largeur totale.

Les bases étaient appariées et formaient une largeur constante le long de tout le brin d'ADN. L'ordre précis, à l'intérieur de la spirale, pouvait être très compliqué, ce qui permettait de stocker de grandes quantités d'information, mais vu de l'extérieur cela demeurait très simple et uniforme.

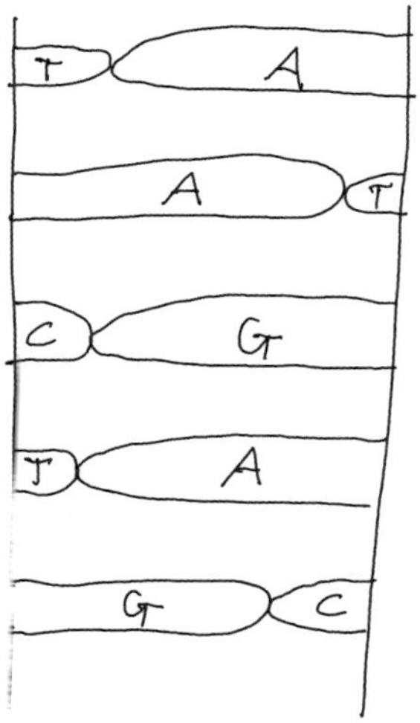

Watson et Crick avaient battu Franklin et Wilkins dans la dernière ligne droite. Les deux équipes publièrent leur découverte dans le même article de journal, afin d'afficher une solidarité scientifique de façade, mais Watson et Crick ôtèrent toute substance à cette démarche en déclarant qu'ils n'avaient « aucune connaissance » des données de Franklin[17]. Or, il n'existe pas vraiment de raison de dire quelque chose de ce genre dans un article scientifique, à moins de vouloir s'assurer de la paternité exclusive de la découverte.

Watson, Crick et Wilkins se virent finalement décerner le prix Nobel pour l'élucidation de la structure de l'ADN. Rosalind Franklin était malheureusement morte d'un cancer des ovaires quatre ans plus tôt, elle n'obtint donc jamais la reconnaissance qu'elle avait pourtant manifestement méritée.

Dans les années qui suivirent, les mauvais comportements de Wilkins et Watson et le harcèlement qu'avait subi Franklin furent durement jugés dans la communauté scientifique et Watson, par pure coïncidence certainement, se vit retirer de nombreux titres et privé de nombreux postes pour ses commentaires méprisants à l'égard des femmes[18], des juifs[19] et des Noirs[20]. Toutefois, c'est bien lui qui eut l'Eurêka le plus important, celui qui résolut la question de la structure de l'ADN. Juste après que Donohue lui avait donné la réponse.

Toilettes propres

Bon, ce n'est peut-être pas d'une aussi grande portée révolutionnaire que la loi de la gravité ou le secret de la vie, mais l'histoire de la découverte du nettoyant de toilettes est merveilleuse et ne mérite pas d'être écartée. Beaucoup de gens ont des toilettes et beaucoup de gens aiment autant les garder propres, ne passons donc plus sous silence l'homme qui a inventé le nettoyant de toilettes, ni l'Eurêka qui l'inspira.

Après la Première Guerre mondiale, Harry Pickup se vit confier la responsabilité de nettoyer des usines londoniennes dans lesquelles l'armée avait fabriqué des explosifs. Tandis qu'il vidait l'une de ces usines, Pickup découvrit un résidu de poudre qu'il tenta de nettoyer en pulvérisant de l'eau. Ce faisant, il remarqua qu'il ôtait au passage le calcaire de la surface.

Le calcaire est un dépôt de carbonate de calcium, complètement inoffensif mais peu esthétique et difficile à enlever. La substance poudreuse que Pickup nettoyait était du sulfate de sodium, un sous-produit de la production d'acide nitrique (lui-même employé pour fabriquer des bombes). Le sulfate de sodium est soluble dans l'eau et, quand on le dissout, il se change en acide sulfurique. Pickup venait de découvrir que celui-ci dissout à son tour le calcaire.

Le truc très pratique avec la découverte de Pickup, c'est que personne n'a envie de se trimballer avec des bouteilles d'acide sulfurique hyper corrosif à chaque nettoyage des toilettes. En revanche, en propulsant de la poudre de sulfate de sodium directement dans l'eau, elle se convertit en acide sulfurique sous la surface et dispense d'avoir à verser de l'acide directement. C'est cette innocente observation d'une couche de calcaire en train de se dissoudre qui donna à Pickup l'idée d'un nettoyant de toilettes efficace et bon marché.

Il mit sa poudre anticalcaire sur le marché sous le nom de Harpic (dérivé du sien, HARry PICkup)[21]. Comme je l'ai dit, ce n'est peut-être pas du niveau d'Einstein, mais avouez qu'on ne peut qu'éprouver du respect pour un homme qui s'est demandé ce qu'il se passerait s'il versait des produits chimiques pour fabriquer des bombes dans des toilettes.

Épilogue

S'attendre à l'inattendu

Pour le premier jet de ce livre, je projetais à l'origine de commencer par une citation attribuée à mon auteur scientifique préféré, Isaac Asimov :

« La phrase la plus excitante à entendre dans les sciences, celle qui annonce des découvertes nouvelles, ce n'est pas "Eurêka", mais "C'est curieux…" »

C'est une super citation, mais, bien que ce soit exactement le genre de choses qu'Asimov pourrait avoir dit, personne ne sait exactement à qui nous la devons. Fleming aurait bien dit « C'est curieux » quand il a découvert la pénicilline, mais le reste de la phrase est un embellissement.

Finalement, j'ai choisi une citation de G.K. Chesterton, car elle me paraissait mieux correspondre au ton général du livre, sans parler du fait que je comptais bien inclure des histoires d'Eurêka. Mais je m'en voudrais de ne pas du tout rendre hommage au professeur Asimov, j'ai donc décidé de finir ce texte par une autre de ses idées.

Dans ses romans du cycle de *Fondation*, Asimov imagina un futur dans lequel l'humanité aurait trouvé un nouveau moyen de prédire son propre destin. S'il est impossible de prévoir les actions d'un individu, pour les tendances générales d'une population cela devrait être plus facile, de la même manière qu'il est difficile de prédire les errements d'un atome isolé, mais que le flot de milliards d'entre eux est davantage compréhensible.

Cette discipline fictive de la prévision, Asimov l'a nommée la « psychohistoire ». Dans ses livres, un groupe de scientifiques s'en sert pour guider l'humanité au travers des événements qui menacent son existence. Toutefois, un grain de sable grippe la machine dans le deuxième roman. Les prévisions se mettent à dévier de la trajectoire constatée, en raison des machinations d'une mystérieuse figure capable de contrôler l'esprit de gens et de contrôle leurs actions.

Ce puissant conspirateur, appelé le « Mulet », se met à exercer un contrôle politique en manipulant par télépathie les chefs de gouvernement et les dignitaires du régime. Voilà bientôt que les équations délicatement calibrées de la psychohistoire se retrouvent menacées. Les scientifiques doivent trouver le moyen de les corriger avant que le Mulet n'ait entraîné toute la galaxie dans l'instabilité.

J'ai souvent pensé que le Mulet était la métaphore d'Asimov pour représenter ces moments dans l'histoire que personne n'avait vu venir, et qui pourtant ont tout changé. Un papillon bat des ailes à Hong Kong, comme on dit aujourd'hui, et voilà qu'il pleut à Los Angeles alors que la météo annonçait beau temps.

Dans le monde réel, il existe une discipline semblable à la psychohistoire d'Asimov, bien qu'elle soit encore dans ses langes. On l'appelle la « cliodynamique » et c'est une tentative d'intégrer l'économie, la sociologie, l'anthropologie et l'histoire de l'évolution dans des modèles mathématiques décrivant tous les aléas du comportement humain. Cependant, tout comme dans les romans d'Asimov, la cliodynamique se trouve face à un problème insurmontable : les trucs imprévus, ça arrive.

Toutefois, comme nous l'avons vu dans ce livre à de nombreuses reprises, même quand nos plans partent en sucette, la voie que l'humanité suit est toujours celle des Lumières. Les humains ont cette remarquable capacité d'apprendre de leurs erreurs et d'incorporer des surprises dans leurs connaissances acquises. Malgré nos débuts primitifs, nous nous sommes rapprochés d'un monde meilleur, et nous continuerons ainsi. Le monde est-il parfait ? Absolument pas. Avons-nous fait du chemin ? Oh que oui. Et nous ne nous arrêterons jamais.

Nous garderons l'œil ouvert pour repérer les découvertes nouvelles, nous continuerons d'examiner de près tout résultat surprenant. Nous tomberons toujours victimes de maladie et de malchance, mais nous nous relèverons encore et nous apprendrons de nos erreurs.

Il est impossible de savoir comment nous relèverons les nombreux défis qui nous attendent, car beaucoup de leurs solutions ne seront probablement pas délibérées. Qu'elle le fasse ou non exprès, la science sauvera l'humanité.

Le tableau périodique des quoi ?

Quatre-vingt-douze éléments présents dans la nature sont inscrits dans le tableau périodique, dont soixante-huit ont été découverts par hasard (pour deux d'entre eux, indépendamment, grâce à des algues). Le tableau lui-même a été conçu d'une façon curieuse quand Dmitri Mendeleïev tentait de déterminer l'organisation des éléments.

Il créa un jeu de cartes dans lequel les propriétés des éléments étaient inscrites sur les faces, qu'il essaya ensuite de disposer selon certains motifs récurrents (la réussite la plus *nerd* jamais conçue). Après une phase d'étude ininterrompue de soixante-douze heures sans sommeil, Mendeleïev s'effondra sur son bureau et fit un rêve dans lequel les cartes se disposaient toutes seules selon la configuration du tableau périodique.

Le tableau de Mendeleïev a tout changé en chimie. Pas seulement parce qu'il permet de regrouper les éléments selon leurs propriétés chimiques, mais parce qu'il laisse des trous pour les éléments encore à découvrir.

L'histoire de la pensée en chimie mérite son propre ouvrage (lisez *Magique atome* et achetez-le à vos amis), mais une portion si importante de son évolution est survenue par accident que cela mérite d'être évoqué ici. Toutefois, un chapitre entier constitué de quatre-vingt-douze petites vignettes paraissait déséquilibré au regard des autres sections, mon éditrice m'a donc suggéré de le coller après l'épilogue mais avant les annexes. Je crois qu'elle avait raison.

Plutôt qu'entrer dans le détail pour chaque élément, je vais me contenter d'un tour d'horizon pour chacun, avec la manière dont il a été isolé. Je les ai classés en sept catégories.

Accident complet. Personne ne le cherchait ni même ne soupçonnait son existence, quand soudain il est apparu.

Impureté. L'élément était une impureté mélangée à ce que l'expérimentateur étudiait.

Surprise à la décomposition. Quelqu'un décomposait quelque chose en ses éléments simples (à l'aide de méthodes diverses, le feu, l'acide, l'électricité, etc.) et il a trouvé une substance inattendue.

Surprise à la spectroscopie. L'élément était caché dans autre chose qui a émis un rayon de lumière inexpliqué quand on l'a chauffé.

Réaction aveugle. Quelqu'un tentait des réactions au hasard et il a eu un coup de bol.

Prévu. L'élément était prévu par le tableau de Mendeleïev ou son existence était fortement soupçonnée.

Connu des Anciens. L'élément est présent dans des récits historiques et nous ignorons donc comment il a été identifié.

1. Hydrogène (H) – Réaction aveugle

En 1671, le scientifique britannique Robert Boyle menait des expériences avec de l'acide chlorhydrique, dans lequel il versa une pincée de limaille de fer. Ce faisant, l'éprouvette « régurgita des vapeurs nauséabondes[1] », qu'il jugea si déplaisantes qu'il refusa d'en écrire plus à leur sujet.

Nous ne sommes pas certains de ce qu'était ce gaz méphitique (à mon avis, des impuretés sulfureuses, qu'on trouve souvent dans le fer, ont réagi avec l'acide pour produire du sulfure d'hydrogène à l'odeur d'œuf pourri), mais l'autre gaz qu'il produisit à cette occasion finit par entrer en contact avec une bougie, ce qui provoqua une violente explosion.

Une expérience plus rigoureuse avec ce gaz fut finalement menée par le philosophe anglais Henry Cavendish en 1766, qui en remplit plusieurs bouteilles et découvrit qu'il se consumait dans l'air pour donner de l'eau[2]. Il le baptisa hydrogène, du grec *hydor* et *geïnomaï*, « créateur d'eau ».

2. Hélium (He) – Surprise à la spectroscopie

En 1868, l'astronome français Pierre Janssen étudiait la lumière issue du Soleil durant une éclipse. La majeure partie de ce qu'il observait correspondait à la lumière que produisait la combustion de l'hydrogène sur Terre, mais s'y mêlait aussi un rayon moins familier d'une longueur d'onde de 587,49 nanomètres, qui ne correspondait à rien de connu.

Pensant d'abord à du sodium, il consulta son ami l'astronome anglais Norman Lockyer, qui conclut qu'il avait découvert un élément extraterrestre, qu'il nomma d'après Hélios, le dieu grec du Soleil. L'hélium est ainsi le seul élément à avoir été découvert dans l'espace avant d'être repéré sur Terre[3].

3. Lithium (Li) – Accident complet

En 1800, l'homme d'État brésilien José Bonifacio de Andrade e Silva visitait une mine sur l'île d'Uto quand il remarqua un minéral encore jamais classifié. Il le baptisa la pétalite, du grec *petalon*, « semblable à une feuille », en raison de sa manière caractéristique de se fendre en cas d'impact.

Plus tard lors de ce séjour, Silva lâcha un bout de pétalite dans un feu, dont les flammes virèrent au rouge. Mais personne ne le crut. On ne croyait même pas à l'existence de la pétalite. Il fallut attendre dix-sept ans pour que le minéralogiste suédois E. T. Svedenstjerna redécouvre la pétalite et ses flammes rouges. Svedenstjerna envoya un échantillon à son ami le chimiste Johann Aerfvedson, pour analyse, qui identifia le coupable : l'élément lithium, qu'il nomma d'après le grec *lithos*, « pierre[4] ».

4. Béryllium (Be) – Prévu

En 1798, le minéralogiste français René Haüy était parvenu à la conclusion que l'émeraude et le béryl n'étaient probablement pas la même gemme. Les deux contiennent de l'aluminium, de l'oxygène et du silicium, mais Haüy était convaincu que ce n'était pas tout. Afin de prouver ses dires, il envoya des échantillons à son ami Louis Vauquelin et lui demanda de les décomposer. Vauquelin découvrit alors que le béryl contenait en effet un nouvel élément. Il proposa au départ le nom de glucinium, du grec « sucre » (*glykos*), parce que les composés qu'il forme ont un goût sucré, mais on se décida finalement pour le béryllium, d'après la gemme qui le contenait (du grec *beryllos*, « gemme turquoise[5] »).

5. Bore (B) – Surprise à la décomposition

En 1808, le chimiste anglais Humphry Davy testait la conductivité électrique des solutions. Il savait qu'en fichant les deux bornes d'une pile dans la plupart des liquides le courant passait facilement. Mais quand il tenta le coup dans une solution de borax (un minéral connu depuis au moins deux mille ans, si bien que l'étymologie en est perdue), il découvrit qu'un dépôt brun se formait sur l'une des bornes de la pile.

La raison de ce dépôt était la présence de particules chargées d'un élément inconnu qui flottaient dans la solution. Quand il y fit passer un courant, ces particules furent attirées par une borne de la pile, formant un amas pur de bore[6].

6. Carbone (C) – Connu des Anciens

Comme il s'agit du principal élément restant après la combustion de tout matériau biologique, il y a de fortes chances que le carbone ait été découvert quand quelqu'un ou quelque chose a brûlé dans un feu de forêt ou s'est retrouvé frappé par un éclair, ne laissant que quelques restes calcinés et noirâtres. Je le compte donc aussi parmi les Accidents probables.

7. Azote (N) – Accident complet

En 1772, la souris préférée du chimiste écossais Daniel Rutherford mourut. Elle succomba car Rutherford l'avait placée dans une boîte hermétique où elle finit par manquer d'oxygène, ayant tout converti en dioxyde de carbone. Rutherford tenta bien d'allumer une chandelle dans tout ce dioxyde, mais il découvrit que la flamme ne tenait pas longtemps, puisqu'il n'y avait pas assez d'oxygène pour réagir avec la cire fondue.

Il décida de prendre le gaz de la boîte et le faire passer dans de l'eau de chaux, une substance qui absorbe le dioxyde de carbone. Là, il se rendit compte qu'il restait encore du gaz une fois que tout le CO_2 avait disparu. Il y avait donc un autre gaz présent dans l'air que la souris n'avait pas absorbé[7]. Il l'appela d'abord « gaz nocif », mais ce fut finalement le chimiste français Jean Chaptal qui, découvrant qu'on pouvait l'employer pour produire du nitre, autrement dit du salpêtre, le baptisa nitrogène[8]. Puis Antoine Lavoisier ajouta son grain de sel et proposa azote, construit sur *zōós*, « vivant », et le privatif « a », puisqu'il ne sert à rien pour les animaux.

8. Oxygène (O) – Divers

Plusieurs scientifiques peuvent se targuer d'avoir isolé l'oxygène. En 1604, l'alchimiste polonais Michael Sendivogius découvrit que la combustion du salpêtre produisait un gaz (dont nous suspectons aujourd'hui qu'il s'agissait de l'oxygène[9]). Joseph Priestley, chimiste et théologien anglais, découvrit en 1774 que les feuilles de menthe expiraient un gaz capable de maintenir une souris en vie. Il en tua aussi quelques-unes à la manière de Daniel Rutherford[10].

À la fin du XVIIIe siècle, le chimiste français Antoine Lavoisier découvrit que les métaux étaient plus lourds après une combustion dans l'air, ce qui montrait qu'ils se combinaient avec un élément invisible (son expérience employait une loupe de trois mètres pour concentrer les rayons du soleil et ainsi allumer une plaque de mercure[11]). C'est, là encore, le nom choisi par Lavoisier qui s'est imposé, du grec *oxys* et *geïnomaï*, « créateur d'acide », puisque la plupart des acides de sa connaissance en contenaient.

9. Fluor (F) – Prévu

L'acide fluorhydrique, qu'on obtient en dissolvant du fluor dans l'eau, est employé dans la gravure sur verre depuis 1670, depuis que Heinrich Schwanhard, un découpeur de verre allemand, a accidentellement abîmé ses lunettes avec. De nombreux chimistes essayèrent d'isoler les ingrédients de cet acide très corrosif (certains en sont morts), mais ce fut finalement le chimiste français Henri Moissan qui y parvint[12]. Cet acide tient son nom du latin *fluere*, « flot », car les minerais de fluorine étaient employés pour favoriser l'écoulement des matières en fusion.

10. Néon (Ne) – Accident complet

En 1894, le chimiste anglais William Ramsay assistait à une conférence de Lord Rayleigh, dans laquelle ce dernier décrivait une anomalie qu'il avait remarquée. L'azote obtenu par réaction chimique était d'une densité différente de l'azote qu'on pouvait extraire de l'air. On savait que l'air contenait de l'oxygène et de l'azote, mais Rayleigh ne comprenait pas pourquoi l'azote atmosphérique n'avait pas les mêmes propriétés que l'azote chimiquement produit.

Ramsay décida de refroidir de l'air jusqu'à sa forme liquide et de lentement séparer l'oxygène et l'azote afin de les étudier de plus près. Il découvrit qu'il restait une petite flaque de liquide à la fin de l'expérience, quelque chose de présent dans l'air à l'état de trace.

Une inspection plus serrée montra qu'il avait tort. Il n'y avait pas dans l'air un élément à l'état de trace. Il y en avait cinq. Ces gaz stables n'avaient jamais été détectés auparavant dans les expériences parce qu'ils étaient complètement inertes et ne réagissaient avec rien. On ne les avait donc pas remarqués.

Découverts en même temps que la flaque de Ramsay, ils furent baptisés « gaz nobles », parce qu'ils n'interagissaient pas avec les éléments « communs ». Il y avait là l'hélium (déjà découvert dans le Soleil), le néon, l'argon, le krypton et le xénon. Le néon tire son nom du grec, *néos*, pour « nouveau[13] ».

11. Sodium (Na) – Surprise à la décomposition

Isolé par Humphry Davy en 1807 à l'aide d'une approche similaire à celle qu'il avait utilisé pour le bore, si ce n'est que, cette fois, il testait la conductivité d'une solution de soude caustique. Un oxyde de calcium, le *sodanum* (du latin « médicament pour la tête »), était souvent consommé à l'époque en tant que médicament, car on pensait qu'il traitait les migraines, d'où le nom du sodium[14].

12. Magnésium (Mg) – Surprise à la décomposition

Une fois de plus, Humphry Davy et sa pile, cette fois en 1808, quand il fit passer du courant électrique au travers d'une solution de sels d'Epsom venus de Magnésie, en Grèce[15].

13. Aluminium (Al) – Prévu

Cette fois, Humphry Davy avait prévu l'élément en 1808, mais il n'avait pas réussi à l'isoler. Il l'a été en 1824 par le chimiste danois Hans Œrsted (qui a aussi découvert l'effet électromagnétique mentionné dans la partie 3) qui a fait réagir du chlorure d'aluminium avec d'autres métaux réactifs afin d'expulser le chlorure et de laisser l'aluminium seul. Son nom vient du latin *alum*, « amer », en raison du goût des composés qu'il forme[16].

14. Silicium (Si) – Prévu

Le chimiste suédois Jöns Jacob Berzelius cherchait cet élément parce qu'il y avait un trou dans le tableau de Mendeleïev entre les éléments 13 et 15*. Il l'a trouvé en 1823 à l'aide d'un bout de silex, en latin *silicis*[17].

---

* Le tableau périodique de Mendeleïev rangeait en réalité les atomes par masse, pas par numéro atomique (on ne savait pas compter les protons à l'époque), mais d'ordinaire les éléments de numéro atomique contigus ont également des masses proches. Les éléments 13 et 15 ont des masses de 27 et de 31, respectivement, il paraissait donc judicieux de supposer qu'un élément se trouvait entre les deux. Le silicium a une masse de 28, il venait donc se loger là à la perfection.

15. Phosphore (P) – Accident complet

Le tout premier élément à avoir été isolé à l'époque moderne l'a été par l'alchimiste allemand Hennig Brandt en 1669. Brandt tentait d'obtenir de l'or et s'était attaché à l'idée de faire bouillir sa propre urine pour voir si elle n'en contiendrait pas un peu. L'urine a une teinte dorée, Brandt espérait donc en faire bouillir l'eau et d'ainsi en extraire le précieux métal.

Plutôt que de l'or, Brandt obtint une poudre jaune et décida, pour une raison mystérieuse, de la rôtir avec du charbon pur. Cela lui permit de brûler l'urée contenue dans la poudre, de la décomposer et ainsi d'exposer l'autre substance présente : du phosphore.

Cette nouvelle poudre d'un blanc bleuté brillait dans le noir (d'où son nom, de *phosphorus*, « qui apporte la lumière » en grec) et prenait feu facilement. Elle brûlait même sous l'eau. Brandt se lança alors dans la production industrielle de phosphore en important des barriques d'urine de l'armée, qu'il faisait bouillir chez lui dans son laboratoire. C'est ainsi qu'il dépensa toute la fortune de sa femme[18].

16. Soufre (S) – Connu des Anciens

17. Chlore (Cl) – Réaction aveugle

Trouvé en 1774 par le chimiste et pharmacien suédois Carl Scheele, qui fit réagir une demi-once d'oxyde de manganèse avec de l'acide chlorhydrique avant d'abandonner la bouteille encore ouverte dans un endroit chaud. Il remarqua l'odeur du gaz que dégageait la réaction mais ne songea pas que ce pouvait être un nouvel élément (c'est Humphry Davy qui fit ce lien). C'est néanmoins à lui que revient le mérite de l'avoir isolé le premier[19]. Le chlore est légèrement vert, d'où son nom (*chloros* veut dire « vert », en grec).

18. Argon (Ar) – Accident complet

Découvert dans la flaque de William Ramsay. Nommé d'après *argos*, « paresseux » en grec, car il ne réagit pas[20].

19. Potassium (K) – Surprise à la décomposition

Encore Humphry Davy et sa pile, en 1807. Cette fois en électrocutant une solution de potasse, le résidu qu'on trouve dans un pot où l'on a fait brûler du bois jusqu'à le réduire en cendres [*potash* en anglais, littéralement « cendres de pot », NdT[21]].

20. Calcium (Ca) – Surprise à la décomposition

Humphry Davy et sa pile, cette fois-ci avec du calcaire (du carbonate de calcium). Du latin *calx*, « pierre calcaire[22] ».

21. Scandium (Sc) – Prévu/Surprise à la décomposition

Dmitri Mendeleïev avait prévu l'existence de cet élément en raison d'un trou entre les éléments 20 et 22. Toutefois, la découverte proprement dite date de 1879 par le chimiste suédois Lars Nilson qui n'avait pas entendu parler de la table (inventée seulement dix ans auparavant). Il décomposait de l'euxénite pour en déterminer les composants et trouva l'élément à l'intérieur, qu'il nomma d'après la Scandinavie[23].

22. Titane (Ti) – Réaction aveugle

Isolé en 1791 par le prêtre anglais William Gregor à partir de sable noir qu'il faisait réagir avec de l'acide. Il nomma l'élément ménachanite, d'après la vallée de Manaccan en Cornouailles où il avait découvert le sable, mais le nom finalement adopté a été proposé par le chimiste allemand Martin Klaproth, d'après les titans de la mythologie grecque, les fils de la Terre[24].

23. Vanadium (V) – Surprise à la décomposition

Isolé en 1801 par le chimiste mexicain Andrés Manuel del Rio, alors qu'il analysait un minerai rouge de vanadinite (nommé ainsi d'après la déesse nordique de la beauté, Vanadis, en raison de sa belle apparence). Sa découverte fut d'abord écartée car on la soupçonnait d'être erronée. On dit au chimiste qu'il avait mal identifié du chrome. Trente ans plus tard, une inspection plus poussée lui donna raison[25].

24. Chrome (Cr) – Surprise à la décomposition

Isolé en 1794 par Louis Vauquelin en décomposant de la chromite, souvent utilisée dans les peintures rouges, qu'il avait obtenue d'une mine d'or sibérienne. Son nom vient de *chroma*, « couleur » en grec, en raison des nombreux composés très colorés qui en dérivent[26].

25. Manganèse (Mn) – Réaction aveugle

Découvert en 1774 par Johan Gahn en chauffant des échantillons de magnésie noire (venue de la région de Magnésie, en Grèce[27]). Personne ne sait trop comment on s'est retrouvé avec deux « n ».

25. Fer (Fe) – Connu des Anciens

27. Cobalt (Co) – Prévu... à moitié

Deuxième élément à avoir été isolé après le phosphore, cette fois par le chimiste suédois George Brandt (aucun lien avec Hennig, c'est juste une super coïncidence) en 1735. Brant le recherchait délibérément car des échantillons de minerai métallique venus de mines allemandes avaient la réputation d'être hantés par des gobelins (*kobolds*).

Ce minerai était employé pour teinter le verre en bleu et présentait des propriétés magnétiques étranges. Il avait une odeur curieuse, et tous ceux qui le travaillaient tombaient malades (victimes d'empoisonnement au cobalt). Brandt tentait d'éliminer l'hypothèse des gobelins, il trouva le métal responsable pour la remplacer[28].

28. Nickel (Ni) – Surprise à la décomposition

Découvert par le baron Axel Cronstedt, minéralogiste suédois, en 1751, alors qu'il essayait d'extraire du cuivre de minerais récalcitrants. Il découvrit un métal étrange aux propriétés semblables à celles du cuivre, mais pas exactement. Il le baptisa « cuivre du diable », en allemand *kupfer-nickel*[29].

29. Cuivre (Cu) – Connu des Anciens

30. Zinc (Zn) – Connu des Anciens

31. Gallium (Ga) – Surprise à la spectroscopie

Le chimiste français Paul-Émile Lecoq analysait le spectre d'émission d'un minerai extrait de la mine de Pierrefitte, dans les Pyrénées, quand il distingua deux raies violettes qui ne correspondaient à rien de connu auparavant. Il fit alors bouillir cinquante-deux kilogrammes de ce minerai dans la soude et parvint à le purifier jusqu'à isoler le nouvel élément[30,31]. Il le nomma Gallium, tiré d'après lui de *Gallia*, le nom latin de la France ; toutefois, certains le soupçonnent de l'avoir sournoisement nommé d'après son propre nom en réalité, puisque Lecoq pourrait se traduit en latin par *gallus*[32].

32. Germanium (Ge) – Accident complet/Impureté

En septembre 1885, un puits de mine s'est effondré à Himmelsfürst, dans la Saxe, en Allemagne, à un demi-kilomètre sous terre, révélant des filons d'un nouveau minerai argenté, de l'argyrodite. En février de la même année, Clemens Winkler tentait d'extraire l'argent de ce minerai quand il a découvert qu'une impureté gênante s'y mélangeait. Il l'a baptisée Germanium, d'après le nom latin de l'Allemagne, *Germania*[33].

33. Arsenic (As) – Connu des Anciens

34. Sélénium (Se) – Impureté

En 1817, le chimiste suédois Jöns Jacob Berzelius et son frère Johan Gahn tenaient une usine d'acide sulfurique près de Gripsholm. La méthode qu'ils employaient était la façon standard de fabriquer cet acide, et elle l'est encore. De la pyrite (un minerai plein de soufre) est rôtie dans l'air jusqu'à former de lourds nuages rouge sombre de dioxyde de soufre. On y pompe alors de la vapeur d'eau froide qui absorbe le dioxyde de soufre, formant au passage de l'acide sulfurique.

Mais quand l'usine démarra, ils découvrirent une mystérieuse poudre rouge qui bouchait la chambre de réaction. La pyrite qu'ils utilisaient présentait une impureté, isolée maintenant que le soufre avait été vaporisé.

Berzelius examina la poudre rouge et conclut que, bien que similaire à des éléments connus tels que le tellure, elle dégageait quand on la brûlait une forte odeur de raifort, ce qui ne correspondait à rien. Il se décida à l'appeler le sélénium d'après Séléné, déesse grecque de la Lune, apparemment parce qu'il trouvait que ça sonnait bien[34].

35. Brome (Br) – Surprise à la décomposition

Découvert par le chimiste français Antoine Balard en 1825 en brûlant du varech. Le varech était une source d'iode bien connue, un complément alimentaire utile, mais quand Balard l'a réduit en cendres, dissous dans l'eau puis rincé à l'amidon, il a découvert de minuscules traces d'un liquide brun « à l'odeur pénétrante ». Il l'a baptisé à partir de *bromos*, « puanteur » en grec, sur les conseils de son ami M. Anglada[35].

36. Krypton (Kr) – Accident complet

Découvert dans la flaque de William Ramsay, il tire son nom de *kryptos*, « caché » en grec[36]. Des années plus tard, les auteurs de bande dessinée Jerry Siegel et Joe Schuster ont choisi ce nom pour la planète d'origine de Superman, en raison de ses consonnances inhabituelles et hautement scientifiques[37].

37. Rubidium (Rb) – Surprise à la spectroscopie

Découvert en 1861 par le chimiste allemand Robert Bunsen (oui, celui du bec, mais il a aussi inventé le spectroscope). Il chauffait une pépite de lépidolite qui s'est mise à émettre une lumière d'un rouge profond. L'élément tire son nom du latin *rubidus*, « rouge sombre[38] ».

38. Strontium (Sr) – Surprise à la décomposition

Humphry Davy et sa pile, encore et toujours, en 1808. Cette fois avec un échantillon de minerai venu du village de Strontian, en Écosse[39].

39. Yttrium (Y) – Surprise à la décomposition

En 1789, le lieutenant suédois Carl Arrhenius visitait une mine à Ytterby quand il aperçut un caillou noir qu'il n'avait jamais vu (il s'agissait de la mine où l'on découvrirait plus tard le scandium). Arrhenius envoya le caillou à son ami scientifique Johan Gadolin, qui confirma la présence d'un nouvel élément qu'il nomma d'après la mine en question. Toutefois, le minerai était si difficile à purifier que l'élément ne fut isolé qu'en 1828 par Friedrich Wöhler, un chimiste allemand[40].

40. Zirconium (Zr) – Surprise à la décomposition

Même histoire que l'yttrium. Le chimiste allemand Martin Klaproth avait identifié avec succès un nouvel élément dans le minerai au nom terriblement bien choisi de zircon, en 1789, mais il ne parvenait pas à l'isoler. En 1824, Jöns Jacob Berzelius parvint à le faire sortir de sa cachette. Il tire son nom du perse, *zargun*, qui signifie « doré », en raison de son aspect vaguement semblable à l'or[41].

41. Niobium (Nb) – Surprise à la décomposition

Isolé par le minéralogiste anglais Charles Hatchett en 1801 à partir d'un échantillon de columbite. Ses propriétés chimiques sont semblables à celles de l'élément directement sous sa case dans le tableau périodique, le tantale, et comme le tantale tire son nom du personnage de la mythologie grecque Tantale, cet élément a pris celui de la fille de Tantale, Niobé[42].

42. Molybdène (Mo) – Surprise à la décomposition

La molybdénite est un minerai dont on pensait à l'origine qu'il contenait du plomb. Son nom vient du grec *molybdos*, « semblable au plomb », et la confusion était facile : la molybdénite est en réalité un mélange de sulfure de molybdène et de graphite, et le graphite a l'apparence du plomb. Ainsi, ceux qui extrayaient du minerai ce qu'ils croyaient être du plomb obtenaient en réalité du graphite et jetaient à la poubelle le sulfure de molybdène.

En 1776, Carl Scheele reçut une pépite de molybdénite avec pour instruction d'en extraire le plomb, mais Scheele était un bon chimiste qui savait exactement comment extraire le plomb des minerais. Comme il n'y parvenait pas, il se rendit compte que tout le monde se trompait. Le minerai ne contenait pas de plomb. On se demanda donc ce qu'il contenait vraiment, et l'élément en question fut finalement isolé en 1781 par le chimiste suédois Peter Hjelm[43].

43. Technétium (Tc) – Prévu/Accident complet… deux fois

Le technétium devait venir se loger dans l'espace entre les éléments connus 42 et 44 dans le tableau périodique de Mendeleïev, mais ce fut l'élément le plus difficile à trouver. Il s'agit même du dernier trou à avoir été rempli.

La raison de cette difficulté, c'est que le technétium est instable, il ne dure pas très longtemps. Et la raison de cette instabilité, c'est un grand mystère. Nous savons que les atomes de technétium se forment avec un noyau surchargé de neutrons, mais demandez à un physicien ce qui le rend instable et il balayera la question en évoquant la « stabilité nucléaire », ce qui ne vous renseignera pas du tout sur la raison pour laquelle ce nombre spécifique de protons et de neutrons est instable. C'est comme ça, et on ne sait pas pourquoi.

Le technétium a été obtenu pour la première fois en 1934 par Fermi et son équipe (comme nous l'avons vu dans la partie 3), mais ils l'ont confondu avec un autre élément, ce qui a entraîné le micmac du prix Nobel.

Le truc bizarre, c'est qu'il a été de nouveau produit et découvert par accident en 1937, cette fois par le physicien américain Ernest Lawrence, qui travaillait avec un accélérateur de particules et devait se débarrasser du molybdène qui traînait dans le cœur parce qu'il était devenu radioactif. Son ami par correspondance Emilio Segrè lui demanda de lui en envoyer un bout pour analyse ; Lawrence haussa les épaules et accepta. Il lui envoya une feuille de molybdène radioactif par la poste, de la Californie jusqu'en Italie.

Là, Segrè inspecta le molybdène et découvrit que certains de ses atomes avaient muté en technétium, dont la découverte se trouvait donc enfin confirmée. Lawrence ne s'était pas rendu compte qu'il avait fabriqué du technétium par hasard et l'avait envoyé à l'autre bout du monde dans un avion postal. Son nom lui vient du mot grec *teknetos*, qui veut dire « artificiel[44] ».

44. Ruthénium (Ru) – Surprise à la décomposition

En 1844, le tsar Alexandre Ier insista pour que les pièces en roubles contiennent du platine des mines de l'Oural, si bien qu'une grande quantité de minerai de platine fut extraite de ces mines tandis que les autres minerais qu'elles contenaient étaient écartés dans les usines de monnaie russes. Celles-ci se sont ainsi retrouvées avec d'énormes stocks de sous-produits minéraux, que le chimiste Karl Klaus décida d'analyser. C'est ce qui lui valut la découverte du ruthénium.

Enthousiaste, il envoya un échantillon à Jöns Jacob Berzelius pour confirmation mais se montra trop impatient. Il n'attendit pas la réponse et publia ses résultats. Seulement, Berzelius n'était guère impressionné par l'échantillon qu'il qualifia publiquement de « sel sale ». Heureusement pour Klaus, d'autres chimistes vinrent à sa rescousse et confirmèrent la découverte.

Klaus nomma l'élément d'après le nom latin de la Russie, *Ruthenia*. (Il se trouve que le chimiste Gottfried Osann avait précédemment isolé le ruthénium en 1827, mais il s'était montré incapable de le prouver car les quantités obtenues étaient trop faibles. Par pure coïncidence, il l'avait aussi appelé ruthénium, mais cette fois en reprenant le nom des montagnes où le minerai avait été extrait[45].)

45. Rhodium (Rh) – Impureté

Le rhodium a été découvert en 1803 par le minéralogiste anglais William Wollaston qui voulait extraire et vendre le platine d'un minerai. Il est tombé sur une impureté noire dans le platine, qui s'est légèrement teinté de rose dans l'eau[46]. Il l'a nommée d'après le grec *rhodon*, « rose » (et non pas, comme je le crus la première fois que je tombai sur cette histoire, d'après Rodan, le ptérodactyle que combat Godzilla).

46. Palladium (Pd) – Surprise à la décomposition

Découvert en 1802 par William Wollaston à partir du même minerai de platine qui lui valut la découverte du rhodium. Il le nomma d'après Pallas, astéroïde tout juste observé alors, et pour une raison connue de lui seul il prétendit ne pas être son découvreur. Il préféra en vendre des bandelettes dans une boutique de Londres en refusant de nommer son fournisseur, se contentant d'expliquer que c'était un nouvel élément appelé *new silver*, « nouvel argent ».

Quand le chimiste Richard Chevenix refusa de reconnaître le palladium comme nouvel élément, pensant qu'il s'agissait en réalité d'un alliage de platine et de mercure, Wollaston offrit anonymement une prime de vingt livres (six cents euros d'aujourd'hui) à quiconque parviendrait à en fabriquer. S'il s'agissait d'un alliage platine/mercure, il serait facile de le reproduire. Mais comme personne n'y parvint, la Royal Society admit que le palladium était bien un élément plutôt qu'un alliage, et c'est là que Wollaston révéla son identité. C'était lui, le chimiste masqué[47].

La raison pour laquelle Wollaston a pris tous ces détours n'est pas très claire. C'était peut-être le moyen d'encourager discrètement les gens à vérifier ses résultats, tout en laissant son nom en dehors de tout ça pour ne pas paraître idiot au cas où. Ou peut-être qu'il en voulait à Richard Chevenix et qu'il a monté toute l'affaire, un ingénieux complot psychologique pour que ce soit Chevenix qui passe pour un idiot.

47. Argent (Ag) – Connu des Anciens

48. Cadmium (Cd) – Impureté

Au début du XIXe siècle, en Allemagne, on vendait des composés à base de zinc comme compléments alimentaires. Malheureusement, la majorité du zinc employé à cet usage venait de la ville belge de Kelmis, où la roche contenait une impureté : du cadmium, l'un des éléments les plus toxiques du tableau périodique.

Les gens se mirent à tomber malades, et le médecin Johann Roloff se demanda s'ils n'étaient pas en train de s'empoisonner avec quelque chose. Il contacta Friedrich Stromeyer, l'inspecteur général des apothicaires, afin d'examiner ces compléments. Avec Karl Hermann, le propriétaire de la mine de zinc, Roloff et Stromeyer finirent par identifier l'élément coupable en 1817 et le nommèrent d'après le mot latin *cadmia* qui désigne le zinc, ce qu'il était supposé être[48].

49. Indium (In) – Surprise à la spectroscopie

Découvert en 1836 par le chimiste allemand Ferdinand Reich en analysant du minerai de pyrite. Reich était daltonien et avait dû employer un homme qui portait le nom impossible de Hieronymus Richter pour l'aider à identifier les couleurs. En inspectant les minerais, il repéra (ou du moins on lui dit qu'il avait repéré) une raie bleu sombre qui indiquait la présence d'un nouvel élément, qu'il baptisa à partir de l'indigo, la couleur qu'avait inventée Isaac Newton[49].

50. Étain (Sn) – Connu des Anciens

51. Antimoine (Sb) – Connu des Anciens

52. Tellure (Te) – Impureté

Découvert en 1782 par Franz-Joseph Müller von Reichtenstein, qui nota cette impureté dans un minerai extrait d'une mine d'or hongroise. Il le nomma à partir du grec *tellus*, « de la terre[50] ».

53. Iode (I) – Accident complet

Découvert en 1811 par le chimiste français Bernard Courtois, fabricant de salpêtre. C'était une affaire lucrative en ces années car le salpêtre est l'un des principaux ingrédients de la poudre à canon.

On le produisait en l'extrayant d'algues qu'on brûlait avant d'en rincer les cendres dans l'eau. Ce sous-produit, une pâte cendrée, ne servait à rien en général. La procédure standard était de la dissoudre avec précaution à l'acide sulfurique. Une fois que Courtois venait d'en finir avec un stock d'algues, il versa l'acide, mais il en mit bien trop. Les cendres réagirent vigoureusement et évacuèrent un gaz violet sombre qu'il baptisa l'iode, du grec *iodes* pour « violet[51] ».

Ce qui est remarquable, c'est que de l'iode était produite à chaque fois que quelqu'un traitait de la cendre d'algues à l'acide sulfurique, en réalité. Seulement, c'était habituellement en si petites quantités que le pourpre de l'iode était trop dilué pour être repéré à l'œil nu. Ce n'est que parce que Courtois en avait trop mis qu'il a pu le remarquer.

54. Xénon (Xe) – Accident complet

Découvert dans la flaque de William Ramsay. Son nom lui vient du grec *xenos*, « étranger[52] ».

55. Césium (Cs) – Surprise à la spectroscopie

Découvert en 1861 par Robert Bunsen à l'aide de sa technique spectroscopique (c'est le premier élément à l'avoir été) dans un échantillon d'eau minérale venu de Durkheim, en Allemagne. Les raies d'émission étaient bleu vif, d'où son nom, du latin *caesius*, « bleu ciel[53] ».

56. Barium – Surprise à la décomposition

Humphry Davy et sa pile frappent pour la dernière fois en 1808 avec un minerai appelé la baryte, du latin *barys*, « lourd[54] ». Davy détient le record de découverte d'éléments du tableau périodique présents à l'état naturel, avec un impressionnant total de sept.

57. Lanthane (La) – Surprise à la décomposition

Découvert en 1843 par le chimise suédois Carl Mosander (l'invité de Berzelius) à la suite d'une analyse d'un minerai de cérite. Il en avait déjà extrait un élément (le cérium), mais il lui fallut beaucoup plus de temps pour isoler celui-là, ce pour quoi il le nomma d'après le grec *lanthanein*, « reposer dans le secret[55] ».

58. Cérium (Ce) – Surprise à la décomposition

Découvert en 1825 par Carl Mosander à la suite d'une analyse du même minerai, la cérite, qui lui conféra son nom. Le minerai le tenait lui-même de Berzelius, qui l'avait ainsi baptisé en référence à la planète naine Cérès découverte deux ans plus tôt[56].

59. Praséodyme (Pr) – Surprise à la décomposition

Quand Mosander a décomposé sa pépite de cérite en 1825, il en a extrait le cérium mais également un sous-produit qu'il pensait être un mélange de deux éléments. En 1843, il est parvenu à les séparer. L'un était le lanthane mentionné plus haut, l'autre a été nommé le didyme, du grec *didymo*, « jumeau », car il paraissait partager toutes les propriétés du lanthane.

Toutefois, Mosander se trompait. Le didyme était lui-même composé de deux éléments, le praséodyme et le néodyme, tous deux isolés en 1885 par Carl Welsbach. Il nomma le praséodyme à partir du grec *prasios*, « vert tendre », car cet élément formait des sels de couleur verte[57].

60. Néodyme (Nd) – Surprise à la décomposition

Découvert en même temps que le praséodyme par Carl Welsbach en 1885. Son nom lui vient du grec *neos didymos*, « nouveau jumeau[58] ».

61. Prométhium (Pm) – Prévu

L'histoire du prométhium est semblable à celle du technétium, car c'est aussi un élément très instable (pour des raisons de bizarrerie nucléaire). Les éléments 60 et 62 étaient connus, trouver l'élément 61 n'était donc qu'une question de temps. Il a été découvert par trois physiciens nucléaires américains, Jacob Marinsky, Lawrence Glendenin et Charles Coryell, en 1945, alors qu'ils menaient des études sur l'uranium pour participer à l'effort de guerre.

Tous trois découvrirent les traces d'un élément d'une demi-vie encore jamais observée, et ils comprirent qu'il s'agissait de l'élément 61. Il tient son nom du dieu grec Prométhée – puni pour avoir volé le feu des dieux et l'avoir donné aux hommes –, à la suite d'une suggestion de la femme de Charles Coryell, Grace, qui voulait un nom qui reflète à la fois la puissance et les dangers de l'énergie nucléaire[59].

62. Samarium (Sm) – Surprise à la spectroscopie

Découvert en 1879 par Paul-Émile Lecoq à l'aide de la spectroscopie sur un minerai de samarskite. La samarskite tire son nom du fonctionnaire des mines russe Vasili Samarski-Bykhovets, qui supervisait les mines où elle fut découverte[60].

63. Europium (Eu) – Impureté

Découvert en 1901 par Eugène-Anatole Demarçay qui travaillait alors sur du samarium. L'échantillon de samarium qu'il utilisait pour sa spectroscopie contenait une impureté qu'il identifia comme un élément[61]. Il la nomma ainsi en hommage à Europe, la princesse grecque enlevée par Zeus, alors sous l'apparence d'un taureau.

64. Gadolinium (Gd) – Surprise à la spectroscopie

Découvert en 1880 par le chimiste suisse Jean Marignac après sa spectroscopisation (si si, c'est un mot) d'un minerai de gadolinite, nommé ainsi en hommage au géologue finlandais Johan Gadolin, l'un des héros de Marignac. Gadolin avait supposé l'existence de cet élément dans un rocher trouvé dans la mine d'Ytterby (celle dont on a aussi extrait le scandium et l'yttrium), mais il avait ajouté que ce serait bien dommage qu'un tel élément existe parce qu'il y en avait déjà beaucoup trop[62].

65. Terbium (Tb) – Impureté

Découvert par Carl Mosander en 1843 après l'analyse d'une pépite d'yttria, dans laquelle il remarqua une contamination malvenue. Il a lui aussi nommé sa découverte d'après le village minier d'Ytterby en Suède, le même endroit auquel on doit déjà l'yttrium, le scandium et le gadolinium[63].

66. Dysprosium (Dy) – Impureté

Découvert par Paul-Émile Lecoq en 1886 sur le manteau de sa cheminée. Lui aussi étudiait l'yttria et avait découvert une impureté qu'il pista trente ans durant avant de parvenir à l'isoler. Il la nomma d'après le grec *dysprositos*, « difficile à obtenir[64] ». Et, après tous ces efforts, à quoi nous a servi le dysprosium ? À rien. C'est l'élément le plus inutile de toute la table.

67. Holmium (Ho) – Surprise à la spectroscopie

Découvert en 1878 par le chimiste suisse Marc Delafontaine alors qu'il étudiait au spectroscope les émissions d'un minerai impur d'yttria, encore une fois[65]. Il tire son nom du nom latin de Stockholm, *Holmia*.

68. Erbium (Er) – Impureté

Découvert en 1843 par Carl Mosander en tant qu'impureté dans un échantillon de… eh oui, vous l'aviez deviné, dans un échantillon d'yttria. Comme il n'était pas très créatif quand il s'agissait d'inventer des noms, Mosander le baptisa exactement de la même façon que pour sa découverte du terbium, d'après le nom du village suédois d'Ytterby[66].

69. Thulium (Tm) – Impureté

Découvert en 1879 par le chimiste suisse Per Cleve. Cette fois, c'était l'impureté présente dans un autre minerai, de l'erbia – renommée plus tard erbine –… qui venait aussi d'Ytterby. Il le nomma d'après *Thulé*, le nom grec de la Scandinavie[67].

70. Ytterbium (Yb) – Impureté

Isolé par Carl Welsbach en 1907 à partir d'échantillons impurs de gadolinite[68]. Je vous laisse deviner quel village suédois a inspiré son nom…

71. Lutétium (Lu) – Impureté

Isolé par le chimiste français Georges Urbain en 1907 à partir d'échantillons impurs d'ytterbine, un minerai communément extrait non loin d'un certain hameau de l'archipel de Stockholm. Il le nomma, merci à lui, d'après le nom latin de Paris, sa ville de naissance[69].

72. Hafnium (Hf) – Prévu

Prédit par le tableau de Mendeleïev, le hafnium a été découvert dans un échantillon de zircon norvégien en 1911 par le physicien hollandais Dirk Coster et le radiochimiste hongrois George de Hevesy. Georges Urbain avait avant cela clamé la découverte, mais son échantillon s'était avéré n'être en réalité que du lutétium, sa précédente découverte, bien que sous une forme plus pure[70]. Coster et Hevesy ont nommé l'élément d'après le nom latin de Copenhague, *Hafnia*.

73. Tantale (Ta) – Surprise à la décomposition

Découvert par le chimiste suédois Anders Ekeberg en 1802 par décomposition d'un minerai bizarrement appelé l'yttria[71]. Il tire son nom de Tantale, personnage de la mythologie grecque qui, voulant vérifier que les dieux n'étaient pas omniscients, a en toute logique assassiné son propre fils pour le découper en morceaux et leur servir dans une tourte.

Comme punition de son méfait, Tantale fut emprisonné dans un lieu où un ruisseau s'éloignait de lui à chaque fois qu'il se baissait pour en boire l'eau (d'où l'expression « le supplice de Tantale »). Ekeberg s'inspira de ce conte macabre parce que son élément non plus n'absorbait pas l'eau..., et c'est ce qu'on retient surtout de l'histoire de Tantale, évidemment.

74. Tungstène (W) – Surprise à la décomposition

Découvert en 1783 par les frères espagnols Fausto et Juan José Elhuyar en décomposant un minerai de wolframite[72]. Le nom de ce minerai vient de l'allemand *wolf rahm*, « écume de loup », et personne ne sait pourquoi. En Allemagne, l'élément est également appelé wolfram, d'après le minerai en question, mais il est partout ailleurs appelé tungstène, du suédois *tung sten*, « pierre lourde ».

75. Rhénium (Re) – Surprise à la décomposition

Découvert en 1925 par les chimistes allemands Walter et Ida Noddack en décomposant de la columbite, de la gadolinite et de la molybdénite. Ils le nommèrent d'après le Rhin[73].

76. Osmium (Os) – Impureté

Découvert en 1803 par le scientifique anglais Smithson Tennant. Quand on dissout du platine dans de l'eau régale, il reste toujours une impureté dans la solution finale, qui ne se dissoudra pas. Le platine est apparemment toujours mélangé à cette poudre grisâtre indésirable, qu'on prenait autrefois pour du graphite. Personne avant Tennant n'avait pensé à vérifier. Il l'a analysée et en a extrait un nouvel élément à l'odeur caractéristique de fumée, qu'il a donc nommé d'après le grec *osmé*, « odeur[74] ».

77. Iridium (Ir) – Impureté

Découvert en même temps que l'osmium par Smithson Tennant, autre impureté du minerai de platine. Cet élément forme des sels joliment colorés, c'est pourquoi il l'a baptisé du nom de la déesse grecque des arcs-en-ciel, Iris[75].

78. Platine (Pt) – Connu des Anciens

79. Or (Au) – Connu des Anciens

80. Mercure (Hg) – Connu des Anciens

81. Thallium (Tl) – Impureté

Vous vous souvenez du sélénium découvert dans le processus de fabrication de l'acide sulfurique parce que la pyrite dont on extrayait le soufre contenait de petites impuretés faites de sélénium et que cela bouchait la chambre de réaction ? Non ?

Eh bien, le thallium a été découvert indépendamment mais exactement de la même façon. La pyrite qui a mené à la découverte du sélénium en 1817 venait de Gripsholm en Suède, tandis que la pyrite de cette histoire-là venait du massif du Harz, en 1861. Une fois de plus, la pyrite était brûlée en présence d'air puis dissoute dans l'eau pour produire de l'acide sulfurique, mais une fois de plus un résidu poudreux a bouché la chambre, bloqué le processus et entraîné la coupure de la chaîne de production.

Les propriétaires de l'usine ont fait appel aux services du scientifique anglais William Crookes afin qu'il mène l'enquête, et celui-ci a décidé de soumettre cette poudre à un examen spectroscopique. Il a découvert qu'elle émettait une raie vert vif encore inconnue, couleur qui lui rappelait les jeunes pousses de plante, si bien qu'il a nommé l'élément d'après le grec pour « jeune pousse », *thallos*.

Crookes a publié sa découverte mais, l'année suivante, le scientifique français Claude-Auguste Lamy découvrait à son tour le thallium, indépendamment. Lamy s'est vu remettre une médaille par la Royal Society de Londres, ce qui a poussé Crookes à leur rédiger une lettre de récrimination dans laquelle il faisait remarquer qu'il l'avait découvert avant et qu'il devrait lui aussi recevoir une médaille.

Finalement, les deux scientifiques ont reçu deux copies conformes de médailles pour leurs découvertes copie conformes l'une de l'autre d'un élément copie conforme du sélénium[76].

82. Plomb (Pb) – Connu des Anciens

83. Bismuth (Bi) – Connu des Anciens à leur insu

Le bismuth était techniquement connu dans l'Antiquité, mais on l'a pris, selon les lieux et les époques, pour du plomb, de l'étain, de l'antimoine et du zinc. Ses propriétés tombent à peu près au milieu de celles de tous ces métaux, si bien que, dès qu'on le travaillait, on supposait simplement avoir en main une forme impure de l'un de ceux-là. Le bismuth était donc considéré comme une impureté, alors que c'est un élément pur.

Le médecin suisse du XVIe siècle Paracelse passa bien près de s'en rendre compte en l'appelant un « demi-métal bâtard », mais il en tira la conclusion erronée qu'il s'agissait de tentatives ratées de la nature pour créer du plomb, de l'étain, de l'antimoine ou du zinc.

La révélation de la nature élémentaire du bismuth vint en 1753 au chimiste français Claude Geoffrey. Geoffrey prit quatre morceaux des autres métaux qu'il plaça à côté d'un bout de bismuth pour tous les soumettre aux mêmes réactions. Il montra que le profil de réaction du bismuth ne pouvait être décrit comme plus proche de celui de l'un de ces quatre métaux en particulier. Il fallait qu'il s'agisse d'un cinquième métal[77].

84. Polonium (Po) – Surprise à la décomposition

Découvert par Pierre et Marie Curie en 1898 lors d'une décomposition de pechblende. Ils cherchaient à l'origine à se constituer un stock d'uranium (voir la partie 3), mais ils sont tombés sur cet élément au cours du processus. Ils l'ont nommé en hommage au pays de naissance de Marie, la Pologne[78].

85. Astate (At) – ?

Avec l'astate, nous arrivons à un problème, parce qu'en un sens il n'a jamais été découvert. Le tableau périodique de Mendeleïev prédisait son existence, mais malheureusement c'est l'élément le plus rare sur Terre. On estime qu'il en existe moins de vingt-cinq grammes dans toute la croûte terrestre, ce qui signifie que personne n'a jamais été capable d'en rassembler une pépite suffisamment grosse pour affirmer l'avoir « découvert ».

Le mieux que nous puissions faire, c'est d'en fabriquer en quantités atomiques et d'en déterminer la demi-vie. Ainsi, bien que quelques atomes d'astate aient été créés en 1940 par les chimistes Dale Corson, Ken MacKenzie et Emilio Segrè à l'université de Californie (qui l'ont nommé d'après le mot grec pour « instable », *astatos*[79]), il demeure non isolé à ce jour.

86. Radon (Rn) – Surprise à la décomposition/ Surprise à la spectroscopie

Entre 1899 et 1900, trois chercheurs différents ont noté que l'élément radium produisait de minuscules quantités d'un gaz radioactif pourvu de sa propre signature radioscopique.

Marie Curie nota les valeurs et supposa qu'il s'agissait simplement d'une autre sorte de radium. Ernest Rutherford releva les mêmes valeurs et suggéra, lui, qu'il pouvait s'agir d'autre chose que du radium (mais il ne savait pas quoi). Friedrich Dorn isola le gaz et envisagea qu'il s'agisse d'un élément. Aussi tous les trois peuvent-ils se voir accorder le crédit de la découverte, selon la définition que vous choisissez pour le mot « découvrir ».

Chacune de ces équipes étaient en réalité tombées sur une version différente du même élément (même nombre de protons mais nombre de neutrons différent) et lui avait donné un nom de son côté. Curie voulait l'appeler le radion, Rutherford l'émanation et Dorn le radon. En 1931, Marie Curie passa dans l'équipe Rutherford et soutint la proposition « émanation », mais il était trop tard, le nom radon avait fait son chemin, sûrement parce qu'il était plus simple.

En 1957, l'Union internationale de chimie pure et appliquée régla la question en déclarant que la proposition de Dorn, radon, était désormais la plus employée et serait dorénavant pour cette raison le nom officiel. Dorn l'avait nommé radon d'après l'élément radium, histoire de rendre tout cela encore un peu plus confus[80].

87. Francium (Fr) – Impureté

À l'instar de l'astate, le francium est extrêmement rare et n'a jamais été isolé en grandes quantités. Toutefois, en 1939, la physicienne Marguerite Perey a remarqué quelque chose dans son échantillon d'actinium. L'actinium est un élément radioactif dont les filons sont généralement très impurs. Perey avait tenté toutes les méthodes habituelles de purification, pourtant son échantillon ne donnait toujours pas les émissions caractéristiques de l'actinium pur. Elle s'est alors rendu compte qu'il y avait un autre élément à l'intérieur, qu'elle a nommé en hommage à son pays, la France[81].

88. Radium (Ra) – Surprise à la décomposition

Découvert par Marie et Pierre Curie six mois après leur découverte du polonium en 1898, toujours en décomposant de la pechblende. Ils lui donnèrent ce nom car il était radioactif[82].

89. Actinium (Ac) – Surprise à la décomposition

Après s'être un peu amusés avec la pechblende, Pierre et Marie Curie arrêtèrent, pour une raison mystérieuse. Ils transmirent leurs échantillons restants à leur ami André-Louis Debierne qui se dit que, tant qu'à faire, il n'avait qu'à regarder si des fois ils n'avaient pas oublié un élément là-dedans. Et il y en avait bien un. Il le découvrit l'année suivante et le nomma du grec *aktinos*, qui signifie « rayon[83] ».

90. Thorium (Th) – Surprise à la décomposition

En 1828, le prêtre norvégien Morten Esmark se baladait sur l'île de Loyola, quand il remarqua une pierre noire qu'il n'avait jamais vue auparavant. Il l'envoya à Jöns Jacob Berzelius pour analyse, qui le décomposa et découvrit à l'intérieur un élément[84], qu'il baptisa du nom de son super-héros Marvel préféré[85].

91. Protactinium (Pa) – Réaction aveugle

Découvert, en quelque sorte, par William Crookes en 1900 en tant qu'impureté dans un échantillon d'uranium qu'il faisait réagir avec de l'acide nitrique avant de le dissoudre dans l'éther. Il ne put prouver, toutefois, qu'il s'agissait bien d'un élément pur. C'est Lise Meitner et Otto Hahn qui y parvinrent en 1918 (ils lui avaient donné à l'origine le nom de code « abracadabra »). Comme cet élément se désagrège en l'élément 89, l'actinium, ils l'appelèrent finalement « *protos* actinium », « celui qui vient avant l'actinium », devenu finalement protactinium[86].

92. Uranium (U) – Réaction aveugle

Découvert en 1789 par Martin Klaproth. Lui aussi s'amusait avec de la pechblende, mais lui avait décidé de la dissoudre à l'acide nitrique. Il en tira une très grosse quantité d'une substance spongieuse jaune qu'il fit réagir avec du charbon pour obtenir une poudre noire, qu'il nomma d'après la planète récemment découverte dont le nom faisait pouffer les auteurs scientifiques immatures[87].

Éléments 93-118

Des éléments restants du tableau de Mendeleïev, tous sauf deux ont été créés délibérément en laboratoire à partir d'éléments lourds qu'on a bombardés de particules plus petites dans l'espoir de les faire avancer un peu dans le tableau périodique.

Les exceptions sont les éléments 99 et 100 (l'einsteinium et le fermium) qui ont été produits par accident le 1er novembre 1952 en tant que sous-produits de la première explosion thermonucléaire. Les deux ont été détectés dans l'atmosphère par le physicien nucléaire américain Albert Ghiorso, qui avait interdiction d'en parler à quiconque pour des questions de sécurité. C'est ce qui fait de lui la dernière personne de l'histoire à avoir véritablement découvert un élément[88].

Annexe 1
Comment se forment les arcs-en-ciel

Quand j'étais professeur de physique, je gardais toujours mon cours sur la formation des arcs-en-ciel pour la toute fin du programme d'optique. En partie parce que c'est une belle application réelle sur laquelle conclure, mais aussi parce qu'elle s'appuie sur tant de principes différents qu'elle en devient difficile à expliquer sans être entré auparavant dans leurs détails.

D'ordinaire, mon cours sur les arcs-en-ciel bénéficie de démonstrations et d'animations que je n'ai pas le loisir de proposer dans ce livre ; voici néanmoins une brève tentative d'expliquer tout le génie de Newton en version Technicolor.

Les molécules du fond de notre œil répondent à une gamme de longueurs d'onde de la lumière comprise entre 700 nanomètres (rouge) et 380 nanomètres (violet). La lumière visible peut adopter n'importe quelle valeur entre ces deux extrêmes, il y a donc, en un certain sens, un nombre infini de couleurs. Seulement, nous les regroupons par convention culturelle en rouge, orange, jaune, vert, bleu, indigo et violet.

Nos yeux ne contiennent cependant que trois types de cellules pour détecter les couleurs. Le premier répond aux longueurs d'onde longues, rouge/orange, le deuxième aux longueurs moyennes, jaune/vert, le troisième aux longueurs d'onde courtes, bleu/violet. Mais quand nos yeux reçoivent plusieurs rayons en même temps ? Si on éclaire un œil avec un rayon rouge et un rayon vert, on active à la fois les cellules longues et les cellules moyennes, et tout cela est moyenné pour donner une couleur intermédiaire.

C'est pourquoi une lumière rouge et une lumière verte simultanées sont interprétées comme du jaune par notre cerveau. Ce qui signifie qu'il y a en réalité deux types de « lumière jaune » dans l'univers : le jaune pur, d'une longueur d'onde de 570 nanomètres, mais aussi la superposition du rouge et du vert. Il se passe exactement la même chose quand nous percevons simultanément des ondes courtes et moyennes, si ce n'est que ce sera dans ce cas-là du vert et du bleu qui, superposés, nous donneront du cyan.

Les choses se compliquent quand on déclenche à la fois les récepteurs longs et courts, c'est-à-dire une superposition de lumières rouge et bleu. Notre cerveau reçoit un signal perturbant qui lui indique que la lumière est à la fois courte et longue, si bien que notre esprit invente une couleur pour conférer du sens à cette information. Cette couleur est appelée « magenta » ou « rose », elle n'a pas une longueur d'onde qui lui soit propre. Aucun objet dans tout l'Univers n'émet de lumière rose, ce n'est qu'une illusion qui se forme dans nos têtes. Un objet rose émet en réalité de la lumière rouge et de la lumière bleue, mais nos cerveaux ne sont pas capables de gérer ça.

Quand un objet émet de la lumière rouge, orange, jaune, verte, bleue, indigo et violette à la fois, nos cerveaux font un peu la même chose, ils inventent une autre couleur pour gérer cette surcharge. C'est là qu'ils inventent le « blanc », une autre couleur non spectrale qui n'existe pas dans le monde extérieur, seulement dans nos têtes.

L'analogie que j'emploie parfois, c'est d'imaginer une salle de classe pleine d'enfants qui parlent tous à la fois. Le cerveau est incapable d'isoler chaque conversation, donc il les mélange toutes pour former le bruit de fond d'une foule. Nos yeux font pareil avec les couleurs pour créer le blanc. Le noir, lui, serait l'équivalent du silence total : un objet qui n'émet aucune lumière, ce qui force notre cerveau à inventer une nouvelle teinte pour expliquer ce trou dans les couleurs.

C'est le premier truc étrange… Le rose, le noir et le blanc ne sont pas réels, mais seulement ce qui se passe dans notre esprit quand quelque chose est multicolore.

Passons à la couleur du Soleil. Le Soleil est blanc. S'il a l'air jaune de temps en temps, c'est en raison d'une illusion d'optique. Quand nous regardons le Soleil au travers d'une épaisse couche de ciel, les différentes couleurs qui le composent rebondissent sur les atomes de l'air à différents angles. Les longueurs d'onde courtes comme le bleu et le violet sont les plus énergétiques, elles ricochent donc partout dans le dôme que forme le ciel au-dessus de nos têtes, ce qui le fait paraître vert/bleu/violet. Mais comme nous n'avons que très peu de cellules sensibles au violet dans les yeux, nous ne les voyons pas toutes, nous ne percevons que les vertes et les bleues, ce qui nous donne du cyan.

Ce bleu ciel que vous voyez les jours de beau temps est en réalité de la lumière du soleil qui a été déviée vers une autre zone du ciel. Il y a aussi beaucoup de violet, mais vous ne le voyez pas. Les couleurs moins énergétiques, comme le rouge, l'orange et le jaune, ne rebondissent pas autant dans l'air, elles restent sur leur trajectoire en ligne droite. C'est pourquoi, quand nous regardons le soleil, nous voyons en jaune/orange la zone qui l'entoure, et le reste du ciel en cyan.

Au lever et au coucher du Soleil, nous voyons le soleil au travers d'une couche d'atmosphère bien plus épaisse en raison de l'angle, si bien que l'effet est plus prononcé, le ciel autour du soleil prend des teintes orange et jaunes, et le ciel au loin devient tellement violet qu'on peut cette fois le constater.

Plus étrange encore, la couleur qu'émet le plus notre Soleil est en réalité le vert. Nous ne le remarquons pas parce qu'il émet aussi du rouge et du bleu et que nos yeux sont perturbés par toutes ces informations. Notre Soleil tire davantage sur le vert, et c'est même pour ça que les plantes sont vertes. Elles reflètent (rejettent) la couleur la plus présente, parce que l'absorber les endommagerait trop. Sur une planète en orbite autour d'une géante rouge, les plantes seront rouges.

Voilà donc : le Soleil est vert et le ciel est violet. Et nos cerveaux sont tout pourris.

Que se passe-t-il donc quand un rayon de lumière « blanche » traverse une goutte d'eau ? Tout dépend de son angle. Quand un rayon de lumière passe de l'air à l'eau, la vitesse moyenne à laquelle il se déplace baisse en raison de la densité du matériau. Ainsi, si le rayon atteint la frontière entre l'air et l'eau selon un angle parfaitement droit, rien ne se passe, il se contente de ralentir. Mais si l'angle est légèrement oblique, le rayon va se tordre en franchissant la frontière.

Pensez à une voiture qui passe d'une route bien lisse à une piste en terre. Si la voiture va tout droit, tout ce qu'il se passera, ce sera une réduction de sa vitesse. Mais si la voiture passe sur la piste selon un certain angle, une première roue ralentira avant les autres, ce qui fera pivoter la voiture. Les rayons de lumière fonctionnent de la même façon. Si l'un des côtés du rayon ralentit en entrant dans l'eau, la trajectoire globale du rayon sera déviée, ce qui entraînera un changement de direction.

Le degré de ce changement de trajectoire du rayon est lié à la longueur d'onde. La lumière violette sera par exemple bien plus déviée que la lumière rouge (elle contient plus d'énergie et ricoche donc selon un angle plus important). Cela signifie que quand un rayon de lumière blanche (donc multicolore) passe par une goutte d'eau, les différents rayons qui le composent seront déviés selon des angles différents, le rouge selon l'angle le plus faible, le violet selon l'angle le plus important.

L'étape suivante est de comprendre ce qu'il se passe quand un rayon de lumière passe d'un milieu dense à un milieu moins dense. Nous avons vu que les rayons étaient infléchis vers l'intérieur de leur trajectoire en passant d'un milieu moins dense à un milieu plus dense ; nous constatons donc logiquement qu'ils font l'inverse au moment où ils réémergent : ils sont déviés vers l'extérieur.

Mais si l'angle selon lequel il frappe la frontière entre les deux est trop important, ils sont tellement déviés qu'en réalité ils rebondissent. Le rayon de lumière blanche qui frappe la goutte d'eau sera donc renvoyé dans la direction du Soleil (vous ne verrez donc ce rayon que si vous êtes dos au Soleil).

Si vous regardez directement le Soleil sous la pluie (ne le faites pas), vous verrez souvent un arc-en-ciel, mais ceux qu'on peut observer sans crainte sont ceux qui se forment en rebondissant sur l'arrière des gouttes d'eau (par rapport au Soleil).

Cela produit un motif circulaire de lumière séparée venant vers nous depuis chaque goutte, avec un anneau rouge à l'extérieur et un anneau violet à l'intérieur. Chaque goutte de pluie produit ce motif, mais l'angle selon lequel on peut le voir implique que le sol nous bloque la vue et en coupera la partie inférieure. Les arcs-en-ciel ne sont pas du tout en forme d'arcs, en réalité, ce sont des cercles, mais on ne peut en voir que la partie supérieure.

Il y a des millions de gouttes de pluie dans une averse et chacune renvoie un cercle-en-ciel, mais comme vous n'êtes qu'à un seul endroit, vous ne pourrez pas les voir tous. Celui que vous voyez est tout de même produit par la lumière de très nombreuses gouttes.

L'une de ces gouttes, particulièrement haute dans le ciel, enverra un cercle de lumière dont votre œil ne percevra que le sommet : de cette goutte, vous ne verrez donc qu'un rayon rouge. Une autre, un peu sur la gauche, envoie elle aussi un cercle de lumière mais comme vous ne le voyez pas sous le bon angle, tout ce que vous observez, c'est le ciel au-delà de la goutte.

Sous la goutte rouge, une autre envoie son propre cercle, mais cette fois vous n'êtes pas au bon endroit pour voir le rouge. Vous êtes pile là où il faut pour voir l'orange. Toutes les gouttes émettent un cercle-en-ciel complet, mais vous voyez le rouge qu'émet une certaine goutte, l'orange émis par une autre, le jaune par encore une autre et ainsi de suite.

Ainsi, l'arc-en-ciel que vous observez vous est propre. À côté de vous, quelqu'un en verra un autre, légèrement différent, produit par un ensemble légèrement différent de gouttes d'eau. Vous êtes, dans tout l'Univers, la seule personne à voir exactement cet arc-en-ciel-là. Un pas sur la gauche ou un pas sur la droite et vous en verrez un autre, différent en chaque endroit.

Les arcs-en-ciel sont toujours à la même distance et visibles selon le même angle par rapport à vous, et ils se déplacent, parfaitement synchronisés, avec votre champ de vision. C'est pour ça qu'on ne peut pas se rapprocher d'un arc-en-ciel pour trouver la marmite d'or à ses pieds. Dès que vous avancez d'un pas, vous voyez un nouvel arc-en-ciel, produit par les gouttes de derrière.

Les doubles arcs-en-ciel se produisent parce qu'il existe plusieurs angles selon lesquels la lumière peut rebondir au dos des gouttes et nous parvenir. Techniquement, tous les arcs-en-ciel que vous voyez sont des doubles, mais le plus souvent le deuxième est trop faible pour être perçu. La prochaine fois que vous verrez le double, vous remarquerez que ses couleurs sont inversées : le violet est en haut et le rouge en bas. C'est parce que la lumière a rebondi sur les gouttes selon un angle plus important.

Annexe 2
Tout ce qui brille

Les particules d'argent et de nitrate qui flottent en solution sont séparées les unes des autres et porteuses d'une charge électrique. Ces versions chargées des atomes sont appelées des ions. Les ions argent portent une charge positive, les ions nitrate une charge négative.

Cet équilibre des charges est ce qui assure la stabilité de la solution. Tous ces ions sont attirés entre eux, mais pas assez pour franchir les particules d'eau entre eux et se lier à un solide.

Quand une lumière très énergétique frappe la solution, elle cède un peu d'énergie aux ions nitrate, chargés négativement. Les ions nitrate portent une charge négative parce qu'ils ont un électron de plus dans leur structure, mais dès que la lumière les touche cet électron reçoit suffisamment d'énergie pour s'enfuir.

L'endroit qui attire le plus cet électron de haute énergie en fuite, c'est l'ion argent et sa charge positive, pas très loin. Les ions argent chargés positivement ramassent ainsi les électrons chargés négativement, et deviennent neutres au passage.

Plus vous forcez les atomes d'argent à le faire, plus vous formez d'argent neutre. Les atomes d'argent neutres se lient facilement entre eux, ce qui entraîne la formation d'amas d'argent solides, d'une belle couleur gris terne.

La plupart des poudres métalliques sont moins brillantes qu'on le pense. Le lustre d'une surface métallique est une propriété collective des atomes, qui apparaît en raison du grand nombre d'électrons capables de bouger librement dans un amas. Dans une petite poussière, le même phénomène se produit, mais pas assez pour produire cette surface lustrée qu'on connaît bien.

Annexe 3
Atomes instables

Les protons du noyau d'un atome portent une charge positive, ce qui signifie qu'ils n'aiment pas être tassés les uns contre les autres. Il est impossible de produire un noyau atomique à partir de seulement deux protons, ce serait comme coller les deux pôles d'un aimant l'un contre l'autre. C'est à ça que servent les neutrons.

Les neutrons portent une charge électrique neutre (comme leur nom l'indique), ils n'ont donc aucun impact sur l'attraction ou la répulsion des charges. Et il existe dans le noyau une force bien supérieure à la charge. Cette forte force est appelée… la force forte (bravo les physiciens).

La force (ou interaction) nucléaire forte est une interaction à courte portée qui agit sur les protons et les neutrons et les colle ensemble. Quand ils sont loin l'un de l'autre, deux protons resteront à bonne distance car la répulsion des charges dominera, mais si vous les rapprochez et que vous placez un neutron entre les deux l'interaction nucléaire forte produira une attraction entre les trois, suffisante pour les maintenir ensemble.

En règle générale, il faudra toujours au moins autant de neutrons que de protons dans un noyau afin de parvenir à la stabilité. C'est pourquoi, quand on s'élève dans la table et que le nombre de protons augmente, le nombre de neutrons augmente aussi.

Cependant, protons et neutrons ne sont pas immobiles dans le noyau. Ils gigotent et échangent leur place constamment. Et plus il y a de protons et de neutrons, plus les chances sont grandes de tomber dans une position défavorable où deux protons sont trop près l'un de l'autre et se repoussent, ce qui perturbe tout le noyau. Jusque-là, on comprend.

Ce que personne ne comprend plus, c'est que, pour une raison mystérieuse, ces désintégrations radioactives se produisent toujours de la même manière. Ce qui est finalement éjecté du noyau, c'est toujours soit un neutron seul, soit une particule alpha (deux protons et deux neutrons liés ensemble).

Annexe 4
La physique quantique absurdement résumée en une seule annexe très courte

Non, c'est vrai, je vous assure, j'ai écrit tout un livre sur ce sujet. Mais j'imagine que, comme vous avez déjà acheté tous mes autres livres, je ferais mieux de vous en faire un rapide résumé ici.

Cela peut sembler contradictoire de parler parfois de la lumière comme si elle était composée de particules et parfois comme si elle n'était qu'une onde dans le champ électromagnétique. C'est un problème connu sous le nom de « dualité onde-particule », dont la solution est aussi chouette qu'elle est étrange.

La lumière est complètement faite de particules, les photons. Mais ces photons ne sont pas des objets au sens habituel. Ce ne sont pas des petits bouts de matière qui se déplacent en ligne droite. Ce sont des particules aux « propriétés probabilistes ».

Les photons ont des propriétés, qui définissent leurs caractéristiques, mais la plupart de ces propriétés ne sont pas fixées une bonne fois pour toutes avant qu'ils entrent en interaction avec quelque chose. Ainsi, les photons ne sont pas vraiment des particules avant qu'on les observe. Avant observation, ils existent dans une sorte d'état un peu flou, spectral, appelé la « superposition ».

Cela paraît étrange, parce que dans notre expérience quotidienne les propriétés des objets ne fluctuent jamais. Une pomme verte reste une pomme verte, quelles que soient ses interactions avec tout le reste. Mais les photons ne sont pas comme ça. Ils ont des propriétés fluides qui ne se cristallisent en une constante qu'en cas d'interaction avec une autre particule.

L'une de ces propriétés fluctuantes est la position, ce qui n'aide pas du tout nos cerveaux. Un photon n'occupe pas vraiment un point fixe dans l'espace, à moins qu'il interagisse avec quelque chose, par exemple un détecteur, ou bien nos yeux.

Un photon libre est une chose abstraite dont l'emplacement forme une onde dans l'Univers, autrement dit : il se déplace comme s'il était une onde. Ainsi, même si le photon est une particule dès qu'on l'épingle, quand il se déplace librement son emplacement prend la forme d'une onde. Cela signifie que la lumière a la propriété de se déplacer comme une onde quand on ne l'observe pas, et comme une particule quand on l'observe directement.

De quoi sont donc faits les photons eux-mêmes ? Eh bien, ce sont des « excitations » du champ électromagnétique (EM). Tout autour de nous, ce champ adopte d'ordinaire une valeur nulle, comme la surface d'un lac par temps calme, mais quand quelque chose agite le champ cela produit des tourbillons et des remous qui se déplacent à grande vitesse sur la surface : des particules, des photons, qui sont comme des bosses et des nœuds dans le tissu d'ordinaire lisse du champ EM.

Un rayon de lumière peut ainsi être traité comme une onde dans le champ EM, parce que c'est un peu ce qu'il est. La lumière est un ensemble de fluctuations énergétiques du champ, dont l'emplacement se déplace dans le tissu du réel comme une vague.

Selon l'expérience qu'on mène, on constate parfois le comportement ondulatoire du rayon, et d'autres fois son comportement corpusculaire. Alors, est-ce une onde ou une particule ? Eh bien les deux, en un sens très concret.

Et il n'y a pas que les photons qui sont dans ce cas, en plus. Il se trouve que toutes les particules ont un comportement ondulatoire quand on ne les embête pas. Toutes les particules sont des perturbations de la toile de fond, les champs, et toutes occupent des emplacements qui vibrent et donnent ainsi l'apparence d'une onde. Vous êtes constitué vous-même de pépites d'énergie auto-contradictoires incapables de se décider sur l'emplacement qu'elles occupent.

Annexe 5
ADN antiparallèle

Dans la colonne vertébrale de l'ADN alternent les molécules de phosphate et de désoxyribose. Cette discussion se concentre sur le désoxyribose, qui est une molécule pentagonale avec un atome d'oxygène en pointe. Il y a tout un paquet d'autres décorations chimiques qui pendouillent à chaque coin, mais ce qui compte ici, c'est la forme pentagonale :

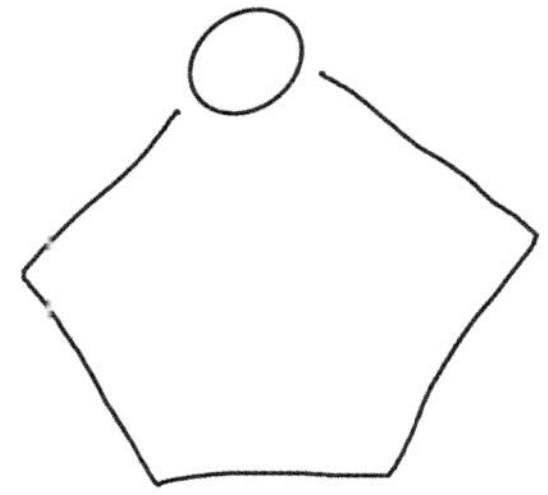

Désoxyribose

Les quatre bases chimiques A, T, G et C se lient aux pentagones de désoxyribose et forment les barreaux de l'ADN, mais cela peut se produire de deux manières différentes. Ils peuvent se disposer soit tous avec les pointes d'oxygène dans le même sens, ce qu'on appelle l'appariement parallèle…

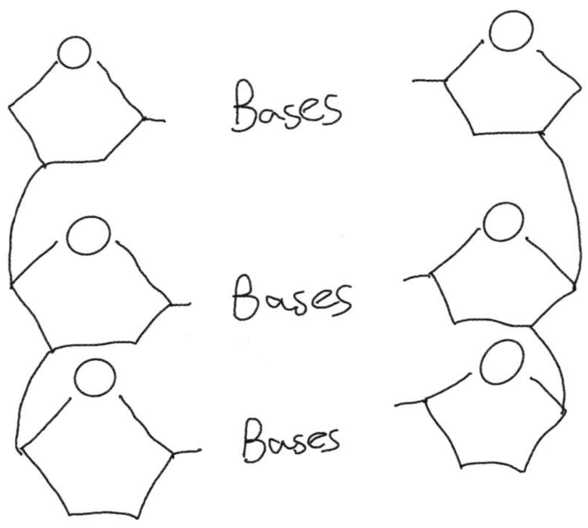

… soit, comme Crick s'en est aperçu en regardant les données injustement obtenues de Rosalind Franklin, les deux montants peuvent être installés tête-bêche. Dans l'un des montants, tous les oxygènes pointent vers le haut de la spirale, tandis que dans l'autre, tous pointent vers le bas. C'est l'appariement antiparallèle :

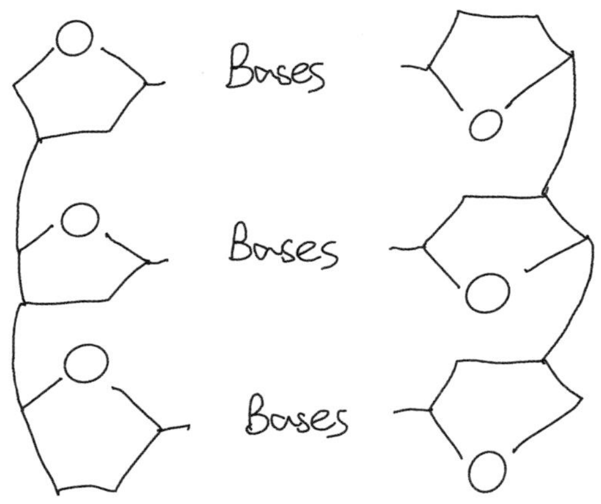

Remerciements

J'aimerais remercier mon éditrice Emma Smith d'avoir eu l'idée de ce livre et mon agente sans peur Jen Christie pour s'être assurée qu'il devienne réalité.

Merci aussi à Amanda Keats, Sue Viccars et tout le monde chez Robinson, qui ont édité le livre et l'ont rendu lisible.

Merci à Simon Snowden, Lucy Wilkinson et Hercules A. Pettitt pour les suggestions sur les histoires à inclure.

Merci à Dave Evans pour m'avoir fait aimer la science, à John Miller pour m'avoir persuadé de l'enseigner et à Seishi Shimizu (à qui ce livre est dédié) pour m'avoir montré ce que mon cerveau savait faire.

Merci à Nick Hopkins pour avoir encouragé mon travail, écouté mes anecdotes interminables et ri à mes blagues.

Merci à Ellie pour tous ces débats intellectuels passionnés et merci à Jo pour m'avoir toléré durant la période des financements.

Merci à Bree pour sa foi en moi, surtout quand je doute moi-même.

Merci à mon père, Paul, pour avoir toujours été à mes côtés… et pour ne pas s'être opposé à mon soudain déménagement en Amérique !

Enfin, merci à Obi pour garder ainsi un œil sur mon père et veiller à son bonheur.

Références des citations

« Ce qu'il y a d'incroyable avec les miracles, c'est qu'ils se produisent. »

G.K. Chesterton, « The Blue Cross », *The Storyteller*, septembre 1910.

Partie 1

« Si vous pouviez donner un bon coup de pied dans l'entrejambe du principal artisan de vos malheurs, vous ne pourriez plus vous asseoir pendant des mois. »

Theodore Roosevelt, *Theodore Roosevelt on Bravery: Lessons from the Most Courageous Leader of the Twentieth Century*, 2015.

« Si vous saviez la montagne qu'il y a sur mon bureau, plus rien ne vous étonnerait ! »

Albert Einstein, lettre à Kurt Grossman, 9 juin 1937.

Partie 2

« Il a ramassé les citrons que le Destin lui avait envoyés et a monté un stand de limonade. »

Elbert Hubbard, « Obituary for Marshall Wilder », *The Fra: A Journal of Affirmation*, vol. 14, n° 5, 1915.

« Ce qui ne me tue pas me rend plus fort. »

Friedrich Nietzsche, *Crépuscule des idoles*, 1889.

Partie 3

« La surprise est le plus grand cadeau que la vie peut nous offrir. »

Boris Pasternak, *The Poetry of Boris Pasternak 1917-1959*, 1959.

« Nous avons découvert que le monde est très surprenant. »

John Polkinghorne, « An Interview with John Polkinghorne » (entretien de Paul Fitzgerald), *The Christian Century*, janvier 2008.

Partie 4

« L'homme de talent est un archer qui touche une cible que les autres ratent. L'homme de génie est un archer qui touche une cible que les autres ne voient pas. »

Arthur Schopenhauer, *Le Monde comme volonté et comme représentation*, vol. III, 1819.

« Quand la bonne idée s'illumine soudain… on se frapperait de ne pas l'avoir trouvée plus tôt. »

Francis Crick, *What Mad Pursuit: A Personal View of Scientific Discovery*, 1988.

Notes

Partie 1

1. J. Needham, H. Ping-Yu, *Science and Civilization in China*, vol. 5, part. 7, Cambridge, Cambridge University Press, 1986.

2. R. E. Oesper, « Christian Friedrich Schönbein. Part II. Experimental Labors », *J. Chem. Educ.*, vol. 6, 1929, pp. 677-685.

3. B. Bouffard, « Inventor of the Month – Who Is Edouard Benedictus? », *Innovate*, 12 novembre 2013.

4. Glass Innovation Centre, *Innovations in Glass*, Corning, Corning Museum of Glass, 1999.

5. A. Parkes, brevet n° 1313, 11 mai 1865, Office des brevets du Royaume-Uni, *Patents for Inventions – Artificial Leather, Floorcloth, Oilcloth, Oilskin and other Waterproof Fabrics*, p. 255.

6. H. Heckman, « Burn After Viewing, or, Fire in the Vaults: Nitrate Decomposition and Combustibility », *The American Archivist*, vol. 73, n° 2, 2010.

7. A. Haynes, « John Walker, Pharmacist and Inventor of the Match », *The Pharmaceutical Journal*, 2016.

8. B. K. Pierce, *Trials of an Inventor: Life and Discoveries of Charles Goodyear*, New York, Carlton & Porter, 1866.

9. W. C. Geer, *The Reign of Rubber*, New York, The Century Co., 1922.

10. R. Hunter, M. E. Waddell, *Toy Box Leadership: Leadership Lessons from the Toys you Loved as a Child*, Nashville, Thomas Nelson, 2008.

11. J. Tully, *The Devil's Milk: A Social History of Rubber*, New York, New York University Press, 2011.

12. A. Hoffman, *LSD: My Problem Child*, New York, McGraw Hill Book Company, 1980.

13. L. Moreno *et al.*, « Metabotropic Glutamate mGlu2 Receptor is Necessary for the Pharmacological and Behavioral Effects Induced by Hallucinogenic 5-HT2A Receptor Agonists », *Neuroscience Letters*, vol. 493, n° 3, 2011, pp. 76-79.

14. M. A. Lee, B. Shlain, *Acid Dreams: The Complete Social History of LSD: The CIA, The Sixties and Beyond*, New York, Grove Press, 1994.

15. Auteur inconnu, « The Inventor of Saccharin », *Scientific American*, 17 juillet 1886, p. 36.

16. S. W. Junod, « Sugar: A Cautionary Tale », *Update Magazine, The Bimonthly Publication of the FDA Institute*, juillet-août 2003.

17. « Molecule of the Week: Saccharin, Jul 2019 », *American Chemical Society*, 1er juillet 2019, disponible à l'adresse suivante : https://www.acs.org/molecule-of-the-week/archive/s/saccharin.html (consulté le 21 février 2023).

18. V. S. Packard, *Processed Foods and the Consumer: Additives, Labeling, Standards, and Nutrition*, Minneapolis, University of Minnesota Press, 1976.

19. R. H. Mazur, « Discovery of Aspartame », premier chapitre d'*Aspartame: Physiology and Biochemistry*, L. D. Stegink, L. J. Filer éd., Boca Raton, CRC Press, 1984.

20. W. Gratzer, *Eurekas and Euphorias: The Oxford Book of Scientific Anecdotes*, Oxford, Oxford University Press, 2002.

21. H. L. F. Helmholtz, *On the Sensations of Tone as a Physiological Basis for the Theory of Music*, 1877, 4e édition, traduction anglaise d'A. J. Ellis, 1912.

22. C. Mackenzie, *Alexander Graham Bell: The Man Who Contracted Space*, Boston, Houghton Mifflin Company, 1928.

23. S. Shulman, *The Telephone Gambit: Chasing Alexander Bell's Secret*, New York, Norton & Company, 2008.

24. D. J. ALBERS, G. L. ALEXANDERSON, C. REID, *More Mathematical People: Contemporary Conversations*, Orlando, Harcourt Brace Jovanovich, 1990.

25. « Dr Caroline Coats – Short history of the Pacemaker », *Understanding Animal Research,* disponible à l'adresse suivante : https://vimeo.com/134722418 (consulté le 21 février 2023).

26. W. GREATBATCH, *The Making of the Pacemaker: Celebrating a Lifesaving Invention*, New York, Prometheus Books, 2000.

27. L. COLEBROOK, *Biographical Memoirs of Alexander Fleming, 1881-1956*, Londres, Royal Society Publishing, 1956.

28. A. FLEMING, « The Physiological and Antiseptic Action of Flavine (with some Observations on the Testing of Antiseptics) », *The Lancet,* vol. 190, n° 4905, 1917.

29. J. LATSON, « How Being a Slob helped Alexander Fleming Discover Penicillin », *Time*, 28 septembre 2015.

30. R. HARE, *The Birth of Penicillin*, Londres, Allen & Unwin, 1970.

31. K. BERGER, « Alexander Fleming and the Discovery of Penicillin », *Pharmacy Times*, 14 mars 2019.

32. W. KINGSTON, « Streptomycin, Schatz vs Wakman, and the Balance of Credit for Discovery », *Journal of the History of Medicine and Allied Sciences*, vol. 59, n° 3, 2004, pp. 441-462.

33. D. P. LEVINE, « Vancomycin: A History », *Clinical Infectious Diseases*, vol. 42, n° 1, 2006, pp. 5-12.

34. J. SUSZKIW, « The Enduring Mystery of "Moldy Mary" », *US Department of Agricultural Research Services,* disponible à l'adresse suivante : https://tellus.ars.usda.gov/stories/articles/the-enduring-mystery-of-moldy-mary/ (consulté le 21 février 2023).

35. R. BUD, *Penicillin: Triumph and Tragedy*, Oxford, Oxford University Press, 2007.

36. B. MARSHALL, entretien de P. WEINTRAUB, « The Doctor Who Drank Infectious Broth, Gave Himself an Ulcer, and Solved a Medical Mystery », *Discover Magazine*, 8 avril 2010.

37. B. Marshall, P. C. Adams, « Helicobacter Pylori: A Nobel pursuit? », *Canadian Journal of Gastroenterology*, vol. 22, n° 11, 2008, pp. 895-896.

38. K. C. Atwood, « Bacteria, Ulcers and Ostracism? H. Pylori and the making of a myth », *Skeptical Inquirer*, vol. 28, novembre-décembre 2004.

39. J. Okafor, « The History of Tea Bags from Invention Through Popularity », *TRVST*, 24 juin 2021.

40. H. Markel, *The Kelloggs: The Battling Brothers of Battle Creek*, New York, Knopf Doubleday Publishing Group, 2017.

41. T. Stevenson, *The Sotheby's Wine Encyclopedia 4th Ed.*, New York, DK Publishing, 2007.

Partie 2

1. G. T. Fechner, *Autobiography* manuscrite et reproduite dans l'appendice de M. Heidelberger, *Nature from Within: Gustav Theodor Fechner and His Psychophysical Worldview*, traduction anglaise C. Klohr, Pittsburgh, University of Pittsburgh Press, 2004.

2. D. A. Leinhard, « Roger Sperry's Split Brain Experiments (1959-1968) », *Embryo Project Encyclopedia*, 27 décembre 2017.

3. J. M. Harlow, « Passage of an Iron Rod Through the Head », *The Boston Medical and Surgical Journal*, vol. 39, n° 20, 1848.

4. Auteur inconnu, « A Most Remarkable Case », *The American Phrenological Journal and Repository of Science, Literature and General Intelligence*, O. S. Fowler & L. N. Fowler éd., vol. 13, 1851, p. 89.

5. J. W. Hamilton, « The Man Whose Head an Iron Rod Passed Is Still Living », *The Medical and Surgical Reporter*, vol. 5, 17 November 1860, p. 183.

6. S. Manjila *et al.*, « Understanding Edward Muybridge: historical review of behavioral alterations after a 19th-century head injury and their multifactorial influence on human life and culture » *Neurosurgery Focus*, vol. 39, n° 1, 2015.

7. S. Corkin, *Permanent Present Tense: The Man With No Memory, And What He Taught The World*, New York, Penguin, 2013.

8. L. R. Squire *et al.*, « Description of brain injury in the amnesiac patient N. A. based on magnetic resonance imaging », *Experimental Neurology*, vol. 105, n° 1, 1989, pp. 23-35.

9. M. Frankel, M. Warren, « How gut bacteria are controlling your brain », *BBC Future Magazine*, 23 janvier 2023.

10. J. F. Cryan, « « More Than a Gut Feeling » – Discours durant l'Annual Conference of the British Psychological Society's Psychobiology Section », *The Psychologist*, janvier 2019.

11. F. Allen, *Secret Formula: The Inside Story of How Coca-Cola Became the Best-Known Brand in the World*, New York, HarperCollins, 1994.

12. I. Osterloh, « How I Discovered Viagra », *Cosmos*, 27 avril 2015.

13. Entretien avec John LaMattina, chercheur sur le projet pour le podcast *Signal*, 16 juin 2016, disponible à l'adresse suivante : https://www.statnews.com/2016/06/16/tylenol-drugs-signal-podcast/ (consulté le 22 février 2023).

14. M. Boolell *et al.*, « Sildenafil: an Orally Active Type 5 Cyclic GMP-Specific Phosphodiesterase Inhibitor for the Treatment of Penile Erectile Dysfunction », *International Journal of Impotence Research*, vol. 8, n° 2, 1996, pp. 47-52.

15. I. Goldstein *et al.*, « Oral Sildenafil in the Treatment of Erectile Dysfunction », *The New England Journal of Medicine*, vol. 338, n° 20, 1998, pp. 1397-1404.

16. L. Klotz, « How (not) to Communicate New Scientific Information: A Memoir of the Famous Brindley Lecture », *BJU Int*, vol. 96, n° 7, 2005, pp. 956-957.

17. W. W. Schultz *et al.*, « Magnetic Resonance Imaging of Male and Female Genitals During Coitus and Female Sexual Arousal », *BMJ*, vol. 319, n° 1596, 1999.

18. J. Achan *et al.*, « Quinine, an Old Anti-malarial Drug in a Modern World: Role in the Treatment of Malaria », *Malaria Journal*, vol. 10, art. 114, 2011.

19. S. Garfield, *Mauve: How One Man Invented a Colour That Changed the World*, New York, W. W. Norton & Company, 2001.

20. T. F. G. G. Cova, A. A. C. C. Pais, J. S. S. de Melo, « Reconstructing the Historical Synthesis of Mauvine from Perkin and Caro: Procedure and Details », *Scientific Reports,* vol. 7, n° 6806, 2017.

21. C. P. Biggam, « Knowledge of Whelk Dyes and Pigments in Anglo-Saxon England », *Anglo-Saxon England,* vol. 35, 2006, pp. 23-55.

22. C. Dickens, « Perkin's Purple », *All The Year Round,* 10 septembre 1859.

23. P. Homem-de-Mello *et al.,* « 4-Design of Dyes for Energy Transformation: From the Interaction with Biological Systems to Application in Solar Cells », *Green Chemistry and Computational Chemistry, Shared Lessons in Sustainability, Advances in Green and Sustainable Chemistry,* 2022, pp. 79-114.

24. Je ne sais même pas comment référencer leur site internet sans risquer de problèmes juridiques, mais le voilà : https://www.velcro.com/original-thinking/the-velcro-brand-trademark-guidelines/ (consulté le 22 février 2023).

25. Entretien avec Harry Coover : « Harry Coover – 2009 National Medal of Technology & Innovation », *NSTMF,* disponible ici : https://www.youtube.com/watch?v=u4CLvR-YN2w (consulté le 22 février 2023).

26. N. Skillicon, « The True Story of Post-It Notes and How They Almost Failed », *Idea to Value Newsletter,* 20 avril 2017.

27. R. B. Seymour, T. Cheng, *History of Polyolefins, 1-7,* Dordrecht, D. Reidel Publishing Company, 1986.

28. M. Lauzon, « PE: The Resin that Helped Win World War II », *Plastics News,* 6 août 2007.

29. Auteur inconnu, « Roy J. Punkett », *Science History Institute,* 14 décembre 2017.

30. R. Cole, « Teflon: 80 Years of Not Sticking To Things », *The Science Museum Blog,* 6 avril 2018.

31. A. G. Levine, « The Large Horn Antenna and the Discovery of Cosmic Microwave Background », *American Physical Society,* 2009.

32. S. Singh, *Big Bang,* Londres, HarperCollins, 2010.

33. S. MITTON, *Fred Hoyle: A Life in Science*, Cambridge, Cambridge University Press, 2011.

34. R. A. ALPHER, R. C. HERMAN, « On the Relative Abundance of the Elements », *Physical Review*, vol. 74, n° 12, 1948, pp. 1737-1742.

35. R. LINDNER, *The Fifty-Minute Hour*, New York, Bantam, 1958.

36. M. ROKEACH, *The Three Christs of Ypsilanti: A Psychological Study*, New York, New York Review Books, 1964.

PARTIE 3

1. S. ZIELINSKY, « When the Soviet Union Chose the Wrong Side on Genetics and Evolution », *Smithsonian Magazine*, 1er février 2010.

2. L. A. DUGATKIN, « The Silver Fox Domestication Experiment », *Evolution: Education and Outreach*, vol. 11, n° 16, 2018.

3. AR Androgen Receptor [Homo Sapiens (human)] *National Library of Medicine*, National Centre for Biotechnology Information, Gene ID: 367.

4. E. RAMSDEN, J. ADAMS, « Escaping the Laboratory: The Rodent Experiments of John B. Calhoun and their Cultural Influence », *Journal of Social History*, vol. 42, n° 3, 2009, pp. 761797.

5. B. K. ALEXANDER *et al.*, « Effect of Early and later Colony Housing on Oral Ingestion of Morphine in Rats », *Pharmacology, Biochemistry and Behavior*, vol. 14, n° 4, 1981, p. 571-576.

6. C. REED, « Peter Witt Biography », *DrPeterWitt.com*, mars 2016, disponible à l'adresse suivante : https://www.drpeterwitt.com/project/peter-witt-biography/ (consulté le 9 novembre 2022).

7. P. WITT, « Spider Webs and Drugs », *Scientific American*, 1er décembre 1954.

8. *To Tell the Truth* (série télévisée), saison 4, épisode 7, dir. Paul Alter, diffusé en 1972 sur *CBS Daily*.

9. H. P. RIEDER, « Biological Determination of Toxicity of Pathologic Body Fluids III. Examination of Urinary Extracts of Mental Patients with the Help of the Spider Web Test », *Psychiatry and Neurology*, vol. 134, n° 6,

1957, pp. 378-396. Article original en allemand, cité dans M. L. Throne *et al.*, « A Critical Review of Endogenous Psychotoxins as a Cause of Schizophrenia », *Canadian Psychiatric Association Journal*, vol. 12, n° 2, 1967, pp. 159-174.

10. J. O. Schmidt, M. S. Blum, W. L. Overal, « Hemolytic Activities of Stinging Insect Venoms », *Insect Biochemistry and Physiology*, vol. 1, n° 2, 1983, pp. 155-160.

11. R. Feltman, « This Scientist Rates and Describes Insect Stings as if They Were Fine Wines », *The Washington Post*, 17 mars 2015.

12. C. Starr, « A Simple Pain Scale for Field Comparison of Hymenopteran Stings », *Journal of Entomological Science*, vol. 20, n° 2, 1985, pp. 225-232.

13. J. O. Schmidt, *The Sting of the Wild*, Baltimore, The Johns Hopkins University Press, 2016.

14. J. O. Schmidt, « Pain and Lethality Induced by Insect Stings: An Exploratory and Correlational Study », *Toxins*, vol. 11, n° 7, 2019.

15. M. Piccolino, M. Bresadola, *Shocking Frogs: Galvani, Volta, and the Electric Origins of Neuroscience*, Oxford, Oxford University Press, 2013.

16. M. Pilkington, « Sparks of Life », *Guardian*, 6 octobre 2004.

17. M. Shelley, Introduction to *Frankenstein, Frankenstein: Or, the Modern Prometheus*, 15 octobre 1831.

18. J. Dalton, *Meteorological Observations and Essays*, Manchester, Harrison & Crosfield, 1834.

19. S. Sanctorius, *De Statica Medicina*, 1614.

20. A. Bouvard, *Tables Astronomiques*, Paris, Bachelier et Huzard, 1821.

21. J. Uri, « 175 Years Ago: Astronomers Discover Neptune, the Eighth Planet », *NASA History*, 22 septembre 2021.

22. L. Grossman, M. McKee, « Is the LHC Throwing Away Too Much Data? », *New Scientist*, 14 mars 2012.

23. I. Newton, *A Theory Concerning Light and Colours*, 1675 (Archives du Trinity College de Cambridge).

24. E. Tretkoff *et al.*, « This Month in Physics History – July 1820: Œrsted and Electromagnetism », *American Physical Society News*, vol. 17, n° 7, 2008.

25. B. Mahon, *The Man Who Changed Everything: The Life of James Clerk Maxwell*, New York, Wiley, 2004.

26. W. Herschel, « Investigation of the Powers of the Prismatic Colours to Heat and Illuminate Objects; With Remarks, That Prove the Different Refrangibility of Radiant Heat. To Which is Added, an Inquiry into the Method of Viewing the Sun Advantageously, with Telescopes of Large Apertures and High Magnifying Powers », *Philosophical Transactions of the Royal Society*, vol. 90, 1800, pp. 255-283.

27. J. Frercksa, H. Weberb, G. Wiesenfeldt, « Reception and Discovery: The Nature of Johann Wilhelm Ritter's Invisible Rays », *Studies in History and Philosophy of Science A*, vol. 40, n° 2, 2009, pp. 143-156.

28. T. P. Garrett, « The Wonderful Development of Photography », *The Art World*, vol. 2, n° 5, 1917, pp. 489-491.

29. S. Strickland, « The Ideology of Self-Knowledge and the Practice of Self-Experimentation », *Eighteenth Century Studies*, vol. 31, n° 4, 1998, pp. 453-471.

30. The Microwave Service Company, *The History & Inventor of the Microwave Oven*, 26 mars 2012.

31. L. R. Reynolds, « The History of the Microwave Oven », conférence donnée au 24e Microwave Power Symposium en 1989, transcription dans le *Journal of The International Microwave Power Institute*, vol. 10, n° 5, 1989.

32. W. R. Nitske, *The Life of Wilhelm Conrad Röntgen: Discoverer of the X-Ray*, Tucson, University of Arizona Press, 1971.

33. T. J. Jorgensen, *Strange Glow: The Story of Radiation*, Princeton, Princeton University Press, 2017.

34. R. W. Chabay, B. A. Sherwood, *Matter and Interactions*, Hoboken: Wiley, 2002.

35. H. C. von Bayer, *Taming the Atom: The Emergence of the Visible Microworld*, New York, Random House, 1992.

36. N. Blaedel, *Harmony and Unity: The Life of Niels Bohr*, Lexington, Plunkett Lane Press, 2017.

37. E. Fermi *et al.*, « Radioactivity Caused by Neutron Bombardment », *La Ricerca Scientifica*, vol. 5, n° 1, 1934, pp. 452-453.

38. I. Noddack, « On Element 93 », *Zeitschrift fur Angewandte Chemie*, vol. 47, 1934, pp. 653.

39. J. T. Armstrong, « Technetium: The Element That Was Discovered Twice », *National Institute of Standards and Technology*, 16 octobre 2008.

40. Auteur inconnu, « Who Ordered That? », *Nature Editorial,* vol. 531, 2016, pp. 139-140.

41. M. L. Perl *et al.*, « Evidence for Anomalous Lepton Production in e+ e- Annihilation », *Physical Review Letters*, vol. 35, n° 22, 1975.

42. R. P. Feynman, *Lumière et Matière*, Paris, Seuil, 1992.

Partie 4

1. Vitruve, *Les Dix Livres d'architecture*, Livre 9, autour de 30 av. J.-C.

2. Plutarque, *Les Vies parallèles – Vie de Marcellus*, Section 14, date inconnue, Ier siècle.

3. C. Rorres, H. Harris, « A Formidable War Machine: Construction and Operation of Archimedes' Iron Hand » *Symposium on Extraordinary Machines and Structures in Antiquity*, Olympie, Grèce, 19-24 août, 2001, pp. 1-18.

4. H. E. Schwarz, « Super Soaker Inventor – Lonnie Johnson' », *STEM trailblazer BIOS*, Minneapolis, Lerner Classroom, 2017, [20].

5. W. Stukeley, *Memoirs of Sir Isaac Newton's Life*, 1752, qui contiennent un entretien avec Isaac Newton dans lequel il raconte cette histoire de pomme.

6. I. D'Israeli, *Curiosities of Literature,* vol. 1, Londres, Frederick Warne and Co., 1881.

7. Col T. W. M. Draper, *The Bemis History of Genealogy*, San Francisco, auto-édition, 1900.

8. L. Bleiberg, « The Clock That Changed The Meaning of Time », *BBC Travel Magazine*, 7 septembre 2016.

9. G. Shaw, Percy's granddaughter reflecting on her grandfather's legacy in a brief interview with the BBC titled « Cat's eyes: How a pub trip made the world's roads safer », 4 février 2023, disponible à l'adresse suivante : https://www.bbc.com/news/av/stories-64512319 (consulté le 23 février 2023).

10. J. Plester, « Weatherwatch: Percy Shaw and the Invention of the Cat's Eye Reflector », *Guardian*, 3 décembre 2018.

11. Cette blague est souvent attribuée à Ken Dodd, bien que, comme pour de nombreuses blagues, la source authentique soit invérifiable. Si c'est vous, bravo. Franchement. Bravo.

12. O. T. Avery, C. M. Macleod, M. McCarty, « Studies on the Chemical Nature of the Substance Inducing Transformation of Pneumococcal Types: Induction of Transformation by a Deoxyribonucleic Acid Fraction Isolated from Pneumococcus Type III », *Journal of Experimental Medicine*, vol. 79, n° 2, 1944, pp. 137-158.

13. A. Sayre, *Rosalind Franklin and DNA*, Londres, W. W. Norton & Company, 1975.

14. M. Wilkins, *The Third Man of the Double Helix: An Autobiography*, Oxford, Oxford University Press, 2003.

15. A. Klug, « The Discovery of the DNA Double Helix », *Journal of Molecular Biology*, vol. 335, n° 1, 2004, pp. 3-26.

16. J. D. Watson, *The Double Helix*, New York, Signet, 1968.

17. F. H. C. Crick, J. D. Watson, « Molecular Structure of Nucleic Acids », *Nature*, vol. 171, n° 4356, 1953.

18. Watson, 1968, op. cit.

19. J. H. Richardson, entretien avec James Watson – « James Watson: What I've Learned », *Esquire*, 19 octobre 2007.

20. *American Masters* (série télévisée), saison 33, épisode 1, dir. Mark Mannucci, diffusé le 19 décembre 2018 sur *PBS*.

21. Auteur inconnu, « Harpic: Under the Microscope », *Reckitt*, 16 décembre 2020, disponible à l'adresse suivante : https://www.reckitt.com/our-stories/2020/harpic-under-the-microscope/ (consulté le 23 février 2023).

Le tableau périodique des quoi ?

1. R. Boyle, *Tracts, Containing New Experiments, touch the Relation betwixt Flame and Air and about Explosions*, Londres, Richard Davis, 1672.

2. H. Muir, *Eureka: Science's Greatest Thinkers and their Key Breakthroughs*, Londres, Quercus, 2012.

3. B. B. Nath, *The Story of Helium and the Birth of Astrophysics*, New York, Springer, 2012.

4. M. E. Weeks, *The Discovery of the Elements*, 6e éd., Easton, Mack Printing Company, 1960.

5. Royal Society of Chemistry, *Elements and Periodic Table History – Beryllium,* RSC Publications, 2023.

6. J. L. Marshall, « Humphry Davy and the Voltaic Pile », *Chem 13 News Magazine*, Université de Waterloo, avril 2019.

7. Weeks, 1960, op. cit.

8. M. I. A. Chaptal, *Elements of Chemistry*, 3e éd., vol. I, Londres, G. G. and J. Robinson, 1800.

9. R. Bugaj, « Michal Sedziwoj – Treatise on the Philosopher's Stone », *Library of Puzzles,* vol. 164, 1971, pp. 83-84.

10. Weeks, 1960, op. cit.

11. R. Harre, *Great Scientific Experiments: Twenty Experiments That Changed Our View of the World*, Londres, Harrap, 1974.

12. R. Toon, « The Discovery of Fluorine », *Education in Chemistry,* 1er septembre 2011.

13. D. A. McQuarrie, P. A. Rock, E. B. Gallogly, *General Chemistry,* 4e éd., New York, University Science Books, 2010.

14. M. S. Muller, « A Pinch of Sodium », *Nature*, vol. 3, n° 974, 2011.

15. E. Katz, « Electrochemical Contributions: Sir Humphry Davy (1778-1829) », *Electrochemical Science Advances*, 4 mai 2021.

16. T. Geller, « Aluminum: Common Metal, Uncommon Past », *Distillations*, une publication du Science History Institute, 2 décembre 2007.

17. Weeks, 1960, op. cit.

18. J. Emsley, *The Shocking History of Phosphorus: A Biography of the Devil's Element*, Londres, Pan Books, 2000.

19. C. W. Scheele, *On Manganese and Its Properties*, 1774, premier essai dans la compilation *The Early History of Chlorine*, directeur inconnu, Édimbourg, The Alembic Club, 1912.

20. McQuarrie, 2010, op. cit.

21. C. Woodford, *The Elements: Potassium*, Londres, Cavendish Square, 2003.

22. D. Knight, *Humphry Davy: Science and Power*, Cambridge, Cambridge University Press, 1998.

23. C. T. Horovitz, *Discovery and History*, premier chapitre de *Scandium: Its Occurrence, Chemistry, Physics, Metallurgy, Biology and Technology*, dirigé par C. T. Horovitz, Londres, Academic Press, 1975.

24. K. L. Housley, *Black Sand: The History of Titanium*, New York, Metal Management Inc., 2007.

25. R. Bowell, *An Introduction to Vanadium: Chemistry, Occurrences and Applications*, New York, Nova Science Publishers, 2019.

26. Royal Society of Chemistry, *Elements and Periodic Table History – Chromium,* RSC Publications, 2023.

27. B. Knapp, *Elements: Iron, Chromium and Manganese*, Danbury: Grolier Education, 2002.

28. I. Asimov, *Words of Science*, New York, Signet, 1959.

29. *Ibid.*

30. Weeks, 1960, op. cit.

31. J. A. Bridgman, *Gallium – A Thesis, Presented to the Faculty of the Graduate School of Cornell University for the Degree of Doctor of Philosophy*, New York, Cornell University Press, 1917.

32. M. E. Weeks, « The Discovery of the Elements 13: Some Elements Predicted by Mendeleeff », *Journal of Chemical Education*, vol. 9, n° 9, 1932, pp. 1605-1619.

33. Weeks, 1960, op. cit.

34. R. Boyd, « Selenium Stories », *Nature Chemistry*, vol. 3, n° 570, 2011.

35. M. Balard, « Memoir on a Peculiar Substance Contained in Sea Water », *Annals of Philosophy*, vol. 12, art. 13, 1826, pp. 381-387.

36. McQuarrie, 2010, op. cit.

37. M. Lozinsek, G. J. Schrobilgen, « The World of Krypton Revisited », *Nature Chemistry*, vol. 8, n° 732, 2016.

38. I. Georgescu, « Rubidium Round-the-Clock », *Nature Chemistry*, vol. 7, n° 1034, 2015.

39. F. X. Coudert, « Strontium's Scarlet Sparkles », *Nature Chemistry*, vol. 7, n° 940, 2015.

40. P. Diner, « Yttrium from Ytterby », *Nature Chemistry*, vol. 8, n° 192, 2016.

41. J. W. Marden, M. N. Rich, *Investigations of Zirconium, with Especial Reference to the Metal and Oxide, Historical Review and a Bibliography*, Bulletin 186, Mineral Technology 25, Department of the Interior, Washington Government Printing Office, 1922.

42. M.A. Tarselli, « Subtle Niobium », *Nature Chemistry*, vol. 7, n° 180, 2015.

43. Molybdenum history, « The International Molybdenum Association », disponible à l'adresse suivante : https://www.imoa.info/molybdenum/molybdenum-history.php (consulté le 24 février 2023).

44. F. A. A. de Jonge, E. K. J. Pauwels, « Technetium, the Missing Element », *European Journal of Nuclear Medicine*, vol. 23, 1996, pp. 336-344.

45. V. N. Pitchkov, « The Discovery of Ruthenium », *Platinum Metals Review*, vol. 40, n° 4, 1996, p. 181.

46. Royal Society of Chemistry, *Elements and Periodic Table History – Rhodium,* RSC Publications, 2023.

47. M. C. Usselman, « The Wollaston/Chevenix Controversy Over The Elemental Nature of Palladium: A Curious Episode in the History of Chemistry », *Annals of Science*, vol. 35, n° 6, 1978, pp. 551-579.

48. N. V. Tarakina, B. Verberck, « A Portrait of Cadmium », *Nature Chemistry*, vol. 9, n° 96, 2017.

49. I. Asimov, *Asimov's Biographical Encyclopedia of Science and Technology*, New York, Doubleday, 1964.

50. J. Ibers, « Tellurium in a Twisté », *Nature Chemistry*, vol. 1, n° 508, 2009.

51. Asimov, 1959, op. cit.

52. McQuarrie, 2010, op. cit.

53. Georgescu, 2015, op. cit.

54. Knight, 1998, op. cit.

55. M. Fontani, M. Costa, M. V. Orna, *The Lost Elements: The Periodic Table's Shadow Side,* Oxford, Oxford University Press, 2015.

56. *Ibid.*

57. *Ibid.*

58. *Ibid.*

59. S. Cantrill, « Promethium puzzles », *Nature Chemistry*, vol. 10, n° 1270, 2018.

60. Weeks, 1960, op. cit.

61. *Ibid.*

62. P. Pyykko, « Magically magnetic Gadolinium », *Nature Chemistry*, vol. 7, n° 680, 2015.

63. L. P. Wilder, *Gadolinium and Terbium: Chemical and Optical Properties, Sources and Applications*, New York, Nova Science Publishers, 2014.

64. J. Emsley, *Nature's Building Blocks: An A-Z Guide to the Elements*, Oxford, Oxford University Press, 2001.

65. *Ibid.*

66. *Ibid.*

67. P. Arnold, « Thoroughly Enthralling Thulium », *Nature Chemistry*, vol. 9, n° 1288, 2017.

68. Emsley, 2001, op. cit.

69. Weeks, 1960, op. cit.

70. S. C. Burdette, B. F. Thornton, « Hafnium the Lutecium I Used to Be », *Nature Chemistry*, vol. 10, n° 1074, 2018.

71. Weeks, 1960, op. cit.

72. O. Sacks, *Uncle Tungsten: Memories of a Chemical Boyhood*, New York, Vintage, 2002.

73. Weeks, 1960, op. cit.

74. Emsley, 2001, op. cit.

75. *Ibid.*

76. Royal Society of Chemistry, *Elements and Periodic Table History – Thallium,* RSC Publications, 2023.

77. Entrée « Bismuth », *Encyclopedia Britannica,* 11e éd., vol. 4 « Bisharin – Calgary », New York, The Encyclopedia Britannica company, 1910.

78. E. Curie, *Madame Curie*, Paris, Gallimard, 1981.

79. D. R. Corson, K. R. MacKenzie, E. Segrè, « Artificially Radioactive Element 85 », *Physical Review,* vol. 58, n° 672, 1940.

80. B. F. Thornton, S. C. Burdette, « Recalling Radon's Recognition », *Nature Chemistry*, vol. 5, n° 804, 2013.

81. Royal Society of Chemistry, *Elements and Periodic Table History – Francium,* RSC Publications, 2023.

82. C. Hobb, H. Goldwhite, *Creations of Fire: Chemistry's Lively History from Alchemy to the Atomic Age*, New York, Basic Books, 1995. NB : c'est le deuxième livre scientifique que j'ai lu de ma vie.

83. *Ibid.*

84. A. J. Ihde, *The Development of Modern Chemistry*, New York, Dover Books, 2012.

85. Ce livre-là. Le livre que vous êtes en train de lire le dit.

86. R. L. Sime, « The Discovery of Protactinium », *Journal of Chemical Education*, vol. 63, n° 8, 1986, p. 653.

87. M. J. Monreal, P. L. Diaconescu, « The Riches of Uranium », *Nature Chemistry*, vol. 2, n° 424, 2010.

88. A. Ghiorso, « Einsteinium and Fermium », *Chemical Engineering News*, vol. 81, n° 36, 2003, pp. 174-175.

Crédits iconographiques

Page 20 : © Cliché Online/Wikicommons
Page 23 : © Tim James
Page 26 : © Tim James
Pages 33-34 : © Tim James
Page 35 : © Collection Gilbert H. Grosvenor, Division des estampes et des photographies, Bibliothèque du Congrès/Wikicommons
Page 40 : © Navy Medicine/Wikicommons
Page 52 : Based on photograph by Jack and Beverly Wilgus of daguerreotype originally from their collection, and now in the the Warren Anatomical Museum, Center for the History of Medicine, Francis A. Countway Library of Medicine, Harvard Medical School/Wikicommons
Page 56 : © Library of Congress Prints and Photographs Division/Wikicommons
Pages 74-79 : © Tim James
Page 81 : © NASA/Wikicommons
Page 91 : © Svetlana Argutinskaya/Wikicommons
Page 105 : © Welcome Images/Wikicommons
Page 109 : © Welcome Images/Wikicommons
Page 110 : © Wikicommons
Page 116 : © Welcome Images/Wikicommons
Page 131 : © Historia N° 767 – Novembre 2010 – page 38/Wikicommons
Page 143 : Evagorou, M., Erduran, S. et Mäntylä, T., « Le rôle des représentations visuelles dans les pratiques scientifiques : de la compréhension conceptuelle et de la génération de connaissances à la “vision” du fonctionnement de la science », *IJ STEM* Ed 2 , 11 (2015). https://doi.org/10.1186/s40594-015-0024-x
Pages 144-145 : © Tim James
Pages 197-198 : © Tim James

Table des matières

PARTIE 3
SURPRISES

PARTIE 4
EURÊKA

87009 - (I) - ENS 80 - PCA - CMU
Imprimerie CHIRAT - 42540 Saint-Just-la-Pendue
Dépôt légal : février 2025 - N° 202501.0169
Imprimé en France